应用型本科高校系列教材·电气信息类

电子技术基础实验

第2版

吕承启　林其斌　主编

中国科学技术大学出版社

内容简介

本书参照原国家教委颁布的《高等工业学校电子技术基础课程教学基本要求》和《高等工程专科电子技术基础课程教学基本要求》而编写,再版加入了近年来在电子技术基础实验教学改革中的部分新成果。

本书包括模拟电路实验和数字电路实验两部分,每个实验都附有实验原理、参考电路和思考题。本书覆盖面较广,既有验证性实验也有设计性或综合性实验,供教师选用。同时,考虑到电子仿真实验技术在电子技术基础实验中的不断引进,我们在实验项目中编入了相关内容,并在附录中介绍了部分软件的使用说明。

图书在版编目(CIP)数据

电子技术基础实验/吕承启,林其斌主编. —2版. —合肥:中国科学技术大学出版社,2014.8(2019.7重印)
ISBN 978-7-312-03586-9

Ⅰ. 电⋯ Ⅱ. ①吕⋯②林⋯ Ⅲ. 电子技术—实验—高等学校—教材 Ⅳ. TN-33

中国版本图书馆(CIP)数据核字(2014)第186500号

出版	中国科学技术大学出版社 安徽省合肥市金寨路96号,邮编:230026 http://press.ustc.edu.cn https://zgkxjsdxcbs.tmall.com
印刷	安徽省瑞隆印务有限公司
发行	中国科学技术大学出版社
经销	全国新华书店
开本	710 mm×960 mm 1/16
印张	13.25
字数	266千
版次	2008年8月第1版 2014年8月第2版
印次	2019年7月第6次印刷
定价	25.00元

第 2 版前言

本书自 2008 年出版以来,先后印刷多次,颇受师生青睐。同行们在使用过程中也提出了许多宝贵意见和建议,在此表示衷心的感谢!

这次再版除了对原书中电路、图表和文字的错误作了修订外,又根据教学实践增加和改写了部分相关内容。

本书内容包括模拟电路实验和数字电路实验两部分,林其斌编写了模拟电路实验部分,吕承启编写了数字电路实验部分,第 2 版由吕承启老师对全书进行统稿。由于我们水平有限,书中难免有错误和不妥之处,敬请读者批评指正。

编 者

2014 年 6 月

第1版前言

随着电子技术应用领域的不断扩大，《电子技术基础》几乎成为大中专院校理工科学生的一门必修课程。鉴于该课程是一门实践性很强的基础课程，实验环节显得尤为重要，为此我们编写了这本实用性较强的实验教材，希望能为该门课程的实验教学提供一些帮助。

编写过程中，我们参照了原国家教委颁布的《高等工业学校电子技术基础课程教学基本要求》和《高等工程专科电子技术基础课程教学基本要求》，并吸取了近年来该门课程教学改革的部分新成果。

本书包括模拟电路实验和数字电路实验两部分，覆盖面较广，既有验证性实验也有设计性或综合性实验，供教师选用。同时，考虑到电子设计自动化(EDA)技术在该门课程中的不断渗透，我们在实验项目中编入了相关内容，并在附录中介绍了部分软件的使用说明。

本书由吕承启、林其斌主编，林其斌编写了模拟电路部分，其余各部分由吕承启编写，姚有峰主审并对初稿进行了认真审阅，提出了许多宝贵的意见和修改建议，在此表示衷心的感谢。

由于水平有限，加之时间仓促，书中定有许多错误和不妥之处，敬请读者批评指正。

编 者

2008年6月

目　　录

第 2 版前言 …………………………………………………………（Ⅰ）

第 1 版前言 …………………………………………………………（Ⅲ）

第一部分　模拟电路实验 ………………………………………（1）

实验一　　常用电子仪器的使用 ……………………………………（1）

实验二　　晶体管特性参数的测试 …………………………………（8）

实验三　　单管共射放大电路 ………………………………………（12）

实验四　　单管共射放大电路(仿真) ………………………………（20）

实验五　　场效应管放大器 …………………………………………（22）

实验六　　射极跟随器 ………………………………………………（27）

实验七　　负反馈放大电路 …………………………………………（32）

实验八　　差动式放大电路 …………………………………………（38）

实验九　　集成运算放大器的参数测试 ……………………………（42）

实验十　　基本运算电路 ……………………………………………（50）

实验十一　有源滤波电路 ……………………………………………（56）

实验十二　集成运放构成波形产生电路的研究 ……………………（60）

实验十三　RC 正弦波振荡器 ………………………………………（64）

实验十四　LC 正弦波振荡器 ………………………………………（68）

实验十五　OTL 功率放大器 …………………………………………（72）

实验十六　集成稳压器 ………………………………………………（79）

实验十七　波形发生器设计 …………………………………………（83）

实验十八　运算放大器应用（一）——温度监测及控制电路 …………（87）

实验十九　运算放大器应用（二）——万用表的设计与调试 ……………（93）

第二部分　数字电路实验 ………………………………………………（98）

实验一　晶体管开关特性、限幅器与钳位器 ……………………………（98）

实验二　基本门电路的逻辑功能和参数测试 ……………………………（103）

实验三　用 SSI 设计组合电路 ……………………………………………（109）

实验四　MSI 组合功能件的应用 …………………………………………（112）

实验五　译码与显示电路 …………………………………………………（118）

实验六　触发器 RS、D、JK …………………………………………（125）

实验七　集成计数器及其应用 ……………………………………………（133）

实验八　脉冲波形产生实验 ………………………………………………（139）

实验九　移位寄存器及其应用 ……………………………………………（146）

实验十　数/模、模/数转换的应用 ………………………………………（153）

实验十一　编码器及其应用（仿真） ……………………………………（160）

实验十二　数字钟的设计与调试（仿真） ………………………………（162）

实验十三　智力竞赛抢答装置 ……………………………………………（163）

实验十四　电子秒表 ………………………………………………………（165）

实验十五　数字频率计的设计和实验（设计举例） ……………………（170）

附录一　常用电子仪器 ……………………………………………………（176）

附录二　集成电路命名规则 ………………………………………………（190）

附录三　部分集成电路引脚排列 …………………………………………（195）

附录四　EWB 软件简介 ……………………………………………………（200）

第一部分　模拟电路实验

实验一　常用电子仪器的使用

一、实验目的

（1）学习电子技术实验中常用的电子仪器——示波器、函数信号发生器、交流毫伏表、万用表等的主要技术指标、性能及正确使用方法。

（2）初步掌握用双踪示波器观察正弦信号波形和读取波形参数的方法。

二、实验仪器与设备

序号	名　称	数量	备注	序号	名　称	数量	备注
1	示波器	1		3	交流毫伏表	1	
2	函数信号发生器	1		4	万用表	1	

三、实验原理

电子技术实验系统通常如图 1.1.1 所示，是由被测网络、直流稳压电源、信号源、示波器、晶体管毫伏表以及万用表等电子仪器组成。在基本的正弦信号测试系

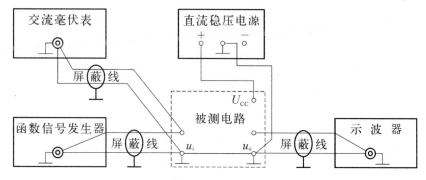

图 1.1.1　基本电子技术实验系统

统中,信号源选用多功能函数发生器,也可以选用其他种类的低频信号发生器。示波器是常用的基本测试仪器,在模拟电路实验中通常选用的示波器是典型的 20 MHz 通用双踪示波器。

1. 示波器

示波器是一种用来观察各种周期性变化的电压和电流波形的电子测量仪器,它具有输入阻抗高、频率响应好、灵敏度高等优点,可用来测量电压或电流的幅度、频率、相位、功率等。因此,用途很广泛。

示波器的种类很多,但无论何种类型都包含有如图 1.1.2 所示的六大部分:Y 轴放大器、X 轴放大器、触发同步、锯齿波扫描发生器、显像管(CRT)和电源。

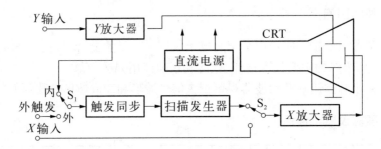

图 1.1.2 电子示波器的基本组成

(1) 电子示波管。

如图 1.1.3 所示,它主要由电子枪、偏转系统、荧光屏三部分组成。电子枪包括灯丝、阴极、栅极和阳极。偏转系统包括 Y 轴偏转板和 X 轴偏转板两部分,它们能将电子枪发射出来的电子束,按照加于偏转板上的电压信号作出相应的偏移。荧光屏是位于示波管顶端涂有荧光物质的透明玻璃屏,当电子枪发射出来的电子束轰击荧光屏时,荧光屏被击中的点上会发光,显示出曲线或波形。

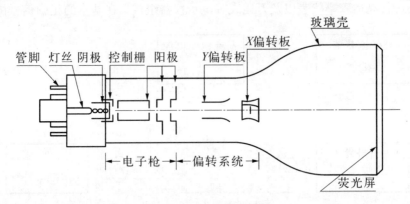

图 1.1.3 示波管结构图

(2) X 轴(水平)和 Y 轴(垂直)放大器部分。

示波器的 X 轴放大器部分主要是对锯齿波信号进行放大产生扫描电压,使电子在水平方向上偏转,形成时间轴;Y 轴放大器部分用来处理被测信号,在荧光屏上还原出被测信号的电压波形。

(3) 触发同步部分。

为了使波形稳定地显示在示波管的荧光屏上,扫描信号锯齿波的频率与被测信号的频率必须同步,也就是说使扫描电压的周期 T_X 与被测信号的周期 T_Y 必须成整数倍关系,即 $T_X = nT_Y$(n 为正整数)。因为,若 n 不为正整数,相对于被测信号来说,每次扫描的起始点就不同,其结果是造成波形不断地发生水平移动而不稳定,如图 1.1.4 所示。

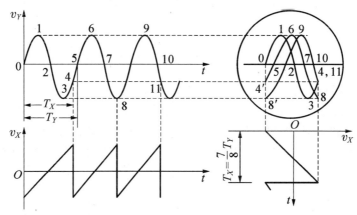

图 1.1.4　$T_X = \dfrac{7}{8}T_Y$ 时荧光屏上显示的波形

由此可见,为了在荧光屏上获得稳定的图像,就必须保证每次扫描的起始点都对应信号电压 T_Y 的相同相位点上,这种过程称为"同步"。

示波器中,通常利用被测信号 V_Y(或用与 V_Y 相关的其他信号)去控制扫描电压发生器的振荡周期,以迫使 $T_X = nT_Y$。被测信号可以取之仪器内部 Y 轴通道(称为内触发),也可以取之仪器外部(称为外触发)。

(4) 扫描发生器。

扫描发生器电路的作用,主要是产生合乎要求的锯齿波电压。

(5) 电源。

提供各部分电路所需要的电压。

2. 函数信号发生器

函数信号发生器是一种能输出正弦波、方波、三角波等多种信号波形的信号发生器,函数信号发生器的基本原理方框图如图 1.1.5 所示。由图可以看出函数信号发生器的工作过程是:双稳态触发器电路产生方波信号,用积分电路将方波信号转变为三角波信号,用函数变换网络将三角波信号变换为正弦波信号。各种信号通过各自独立的输出电路同时输出,或通过同一个输出电路,用开关进行转换。

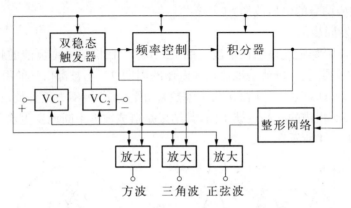

图1.1.5 函数信号发生器原理方框图

3. 交流毫伏表

交流毫伏表是一种用于测量正弦交流电压有效值的电子仪器,它的优点是输入阻抗高、灵敏度高以及可以使用的频率高,在生产、科研、教育等部门得到了广泛的应用。在模拟电路实验中使用的是低频毫伏表,低频毫伏表原理方框图如图1.1.6所示。

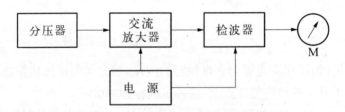

图1.1.6 低频毫伏表原理方框图

分压器用来扩大被测电压的量程,它分取被测电压的一部分或全部,送到具有反馈的二级或三级交流放大器进行放大,以提高测量的灵敏度。放大后的交流信号输至检波器,将交流信号电压进行峰值检波。检波后直流分量用磁电式电表来指示,电表的刻度换算为交流有效值。

四、实验内容及步骤

1. 用校正信号对示波器进行自检

(1) 扫描基线调节。

将示波器的显示方式开关置于"单踪"显示("Y_1"或"Y_2"),输入耦合方式开关置于"GND",触发方式开关置于"自动"。开启电源开关后,调节"辉度"、"聚焦"、"辅助聚焦"等旋钮,使荧光屏上显示一条细长且亮度适中的扫描基线。然后调节"X 轴位移"(⇄)和"Y 轴位移"(↑↓)旋钮,使扫描线位于屏幕中央,并且能上下左右移动自如。

(2) 测试"校正信号"波形的幅度、频率。

将示波器的"校正信号"通过电缆线引入选定的"Y 通道"("Y_1"或"Y_2"),将 Y 轴输入耦合方式开关置于"AC"或"DC",触发源选择开关置于"内",内触发源选择开关置于"Y_1"或"Y_2"。调节 X 轴"扫描速率"旋钮(t/div)和 Y 轴"输入灵敏度"旋钮(V/div),使示波器显示屏上显示出一个或数个周期稳定的方波波形。

a. 校准"校正信号"幅度

将"Y 轴灵敏度微调"旋钮置于"校准"位置,"Y 轴灵敏度"旋钮置于适当位置,读取校正信号幅度,记入表 1.1.1。

表 1.1.1　校正信号测量数据

	标　准　值	实　测　值
幅度 U_{p-p}(V)		
频率 f(kHz)		

b. 校准"校正信号"频率

将"扫速微调"旋钮置于"校准"位置,"扫速"旋钮置于适当位置,读取校正信号周期,记入表 1.1.1。

c. 测量"校正信号"的上升时间

调节"Y 轴灵敏度"及微调旋钮,并移动波形,使方波波形在垂直方向上正好占据中心轴上,且上、下对称,便于阅读。通过扫速开关逐级提高扫描速度,使波形在 X 轴方向扩展(必要时可以利用"扫速扩展"开关将波形再扩展 10 倍),并同时调节触发电平旋钮,从显示屏上可清楚地读出上升时间,记入表 1.1.1。

2. 用示波器和交流毫伏表测量信号参数

调节函数信号发生器有关旋钮,使输出频率分别为 100 Hz、1 kHz、10 kHz、100 kHz,有效值均为 1 V(毫伏表测量值)的正弦波信号。

调节示波器"扫速"及"Y 轴灵敏度"等旋钮,将测量信号源输出电压频率及峰—峰值,记入表 1.1.2。

表 1.1.2　测量信号参数

信号源频率	示波器测量值		信号源电压毫伏表读数（V）	示波器测量值	
	周期(ms)	频率(Hz)		峰—峰值(V)	有效值(V)
100 Hz					
1 kHz					
10 kHz					
100 kHz					

3. 测量两波形间相位差

(1) 观察"交替"与"断续"两种显示方式的特点。

Y_1、Y_2 均不加输入信号，输入耦合方式置于"GND"，扫速旋钮置于扫速较低挡位(如 0.5 s/div 挡)和扫速较高挡位(如 5 μs/div 挡)，把显示方式开关分别放在"交替"和"断续"位置，观察两条扫描基线的显示特点。

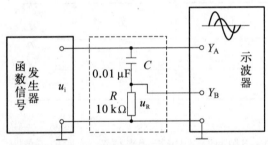

图 1.1.7　两波形间相位差测量电路

(2) 测量两波形间相位差。

① 按图 1.1.7 连接实验电路，将函数信号发生器的输出调至频率为 1 kHz，幅值为 2 V 的正弦波，经 RC 移相网络获得频率相同但相位不同的两路信号 u_i 和 u_R，分别加到双踪示波器的 Y_1 和 Y_2 输入端。

为便于稳定波形，比较两波形相位差，应使内触发信号取自被设定作为测量基准的一路信号。

② 把显示方式开关置于"交替"或"断续"挡位，将 Y_1 和 Y_2 输入耦合方式开关置于"⊥"挡位，调节 Y_1、Y_2 的(↑↓)移位旋钮，使两条扫描基线重合。

③ 将 Y_1、Y_2 输入耦合方式开关置于"AC"挡位，调节触发电平、扫速旋钮及 Y_1、Y_2 灵敏度旋钮位置，使在荧屏上显示出易于观察的两个相位不同的正弦波形 u_i 及 u_R，如图 1.1.8 所示。根据两波形在水平方向差距 X，及信号周期 X_T，则可求得两波形相位差。

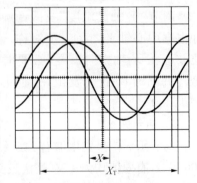

图 1.1.8　双踪示波器显示两相位不同的正弦波

$$\theta = \frac{X(\mathrm{div})}{X_\mathrm{T}(\mathrm{div})} \times 360°$$

式中,X_T——一周期所占格数;

X——两波形在 X 轴方向差距格数。

两波形相位差数据记入表 1.1.3。

表 1.1.3　相位差测量数据

一周期格数	两波形 X 轴差距格数	相　位　差	
		实　测　值	计　算　值
$X_\mathrm{T}=$	$X=$	$\theta=$	$\theta=$

为读数和计算方便,可适当调节扫速及微调旋钮,使波形一周期占整数格。

五、实验报告要求

(1) 认真记录数据,并绘出有关波形。

(2) 根据测量数据和波形,分析测试结果,总结相关内容。

(3) 简述用示波器观察波形时,怎样操作才能最快? 哪些是关键步骤?

六、实验思考题

(1) 用示波器观察信号波形时,要达到下列要求,应调节哪些旋钮?

① 波形清晰;② 波形稳定;③ 改变示波器屏幕上可视波形的周期数;④ 改变示波器屏幕上可视波形的幅度。

(2) 说明用示波器观察电压时,若荧光屏上分别出现如图 1.1.9 所示的波形是什么原因? 应调节哪些旋钮(可在实验中验证)?

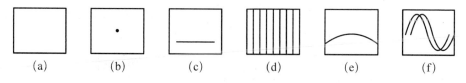

图 1.1.9　示波器荧光屏可能出现的波形

(3) 函数信号发生器有哪几种输出波形? 它的输出端能否短接,如用屏蔽线作为输出引线,则屏蔽层一端应该接在哪个接线柱上?

(4) 交流毫伏表是用来测量正弦波电压还是非正弦波电压? 它的表头指示值是被测信号的什么数值? 它是否可以用来测量直流电压的大小?

实验二 晶体管特性参数的测试

一、实验目的

（1）加深对三极管的输入特性、输出特性曲线的理解和掌握。
（2）学会逐点测绘晶体三极管共发射极输入特性曲线族和输出特性曲线族的方法。

二、实验仪器与设备

序号	名称	数量	备注
1	模拟电路实验装置	1	
2	万用表	4	

三、实验原理及参考电路

直接利用直流电源和直流电表对晶体三极管的输入和输出特性曲线进行逐点测量，这种方法称为逐点测量法。采用逐点测量法，必须根据晶体管特性曲线的特点测量选用合适的直流供电电源。图 1.2.1 是晶体三极管输入输出特性曲线测试原理图。图中输入端用一个可调直流恒流源提供基极电流，这样可以平稳地调节基极电流 I_B，同时当集电极电压 U_{CE} 变化时（特别在饱和区），能够保持基极电流 I_B 不变。同样理由，集电极电压 U_{CE} 用一个可调直流恒压源供电。在测量特性曲线时，在 I_B 变化引起集电极电流 i_c 变化的情况下，U_{CE} 能够维持恒定；同时，调节直流恒压源可以平稳地改变 U_{CE} 的数值，以便于测量。

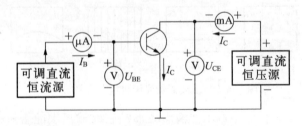

图 1.2.1 晶体三极管特性曲线测试原理图

1. 测绘输入特性曲线族

共发射极输入特性曲线表示以集电极电压 U_{CE} 作为参变量，输入电压 U_{BE} 与

输入电流 I_B 之间的关系,即

$$U_{BE} = f_{1e}(I_B) \mid_{U_{CE} = 常数}$$

晶体管的共发输入特性曲线族如图 1.2.2 所示。NPN 型三极管的测试线路如图 1.2.4 所示。图中,为了近似实现可调直流恒压源,在输入端由可调直流电压源(由 E_B 和 R_{w1} 组成)串接 51 kΩ 的大阻值电阻 R 加到三极管的基极上。为了便于调节集电极电压 U_{CE} 在输出端,可调直流恒压源的两端并接一个电位器 R_{w2}。

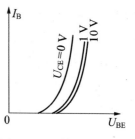

图 1.2.2　晶体管的共发输入特性曲线族

2. 测绘输出特性曲线族

共发射极输出特性曲线表示以输入电流 I_B 作为参变量输出电流 I_C 与输出电压 U_{CE} 的关系,即

$$I_C = f_{2e}(U_{CE}) \mid_{I_B = 常数}$$

晶体三极管的共发射极输出特性曲线族如图 1.2.3 所示。图中,为了将截止区表示出来,故意将 $I_B = 0$ 的输出特性曲线加以抬高(截止区加以放大)。

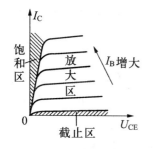

图 1.2.3　晶体三极管的共发射极输出特性曲线族

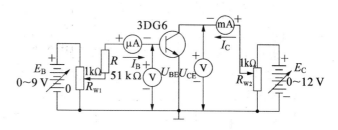

图 1.2.4　NPN 型三极管的输出、输入特性曲线的测试电路

由图 1.2.3 可见,三极管的输出特性曲线族由三个工作区域组成,即饱和区、放大区和截止区。进行线性放大时,晶体管应工作在放大区。NPN 型三极管的输出特性曲线的测试线路如图 1.2.4 所示,它的工作原理与图 1.2.1 相同,这里不再赘述。

四、实验内容和步骤

1. 测量晶体管 3DG6 的输入特性曲线族

(1) 按照图 1.2.4 接好测试电路。

(2) 测量 $u_{CE} = 0$ V 时的 I_B—U_{BE} 曲线。

断开 E_C,直接将晶体管 C、E 之间短接,使 $U_{CE} = 0$。用电压表测量 U_{BE} 值,电压表的"测量选择"旋钮置于 V，"测量范围"旋钮置于 1 V 挡。调节 E_B 及电位器 R_{W1}，使 I_B 等于表 2.1.1 所示的各个数值（由 μA 表读出），由电压表读出相应的 U_{BE} 值，并填入表 1.2.1。注意，测量前电压表应先调零，测量过程中如果电压表量程换挡，必须重新调零。为了减小通过电压表的电流对读数的影响，电压表的输入阻抗应足够大。

表 1.2.1 三极管 3DG6 输入特性测量数据

$I_B(\mu A)$ \ $U_{BE}(V)$ \ U_{CE}	0	0.2	0.4	0.5	0.55	0.6	0.65	0.7	0.75
0									
1									
10									

(3) 测量 $U_{CE} = 1$ V 时的 I_B—U_{BE} 曲线。

调节电源 E_C 和电位器 R_{W2} 使 $U_{BE} = 1$ V，重复上面的测试，将测量数据填入表 1.2.1 中。

(4) 用同样方法测量 $U_{CE} = 10$ V 时的 I_B—U_{BE} 曲线。

2. 测量晶体管 3DG6 的共发射极输出特性曲线族

(1) 按照图 1.2.4 所示的线路接好测试电路。

(2) 测量 $I_B = 0$ 时的 I_C—U_{CE} 曲线。

将基极 B 开路，使 $I_B = 0$，然后调节稳压电源 E_C 和电位器 R_{W2}，使 U_{CE} 在 0～10 V 之间变化。由直流毫安表读出相对应的 I_C 值，并填入表 1.2.2 中。

表 1.2.2 三极管 3DG6 输出特性测量数据

$I_C(mA)$ \ $U_{CE}(V)$ \ $I_B(\mu A)$	0	0.1	0.2	0.4	0.6	0.8	1.0	3.0	5.0	10
0										
20										
40										
60										

(3) 调节电源 E_B 和电位器 R_{W1} 使 I_B 分别为 0、20、40、60 μA，重复上面的测

量,将测量数据填入表 1.2.1 中。

五、实验报告要求

(1) 根据在实验中测量的数据,在方格纸上分别画出晶体三极管的输入、输出特性曲线族,并简述其主要特点。曲线的描绘要求工整、光滑。如图 1.2.5 所示。

(2) 在所描绘的输出特性曲线族上,求出 $U_{CE} = 5\text{ V}$ 时,$I_B = 20\ \mu\text{A}$ 和 $40\ \mu\text{A}$ 的 $\bar{\beta}$ 值。

六、实验思考题

在图 1.2.1 中,为什么输入回路要用恒流源供电?而输出回路要用恒压源供电?

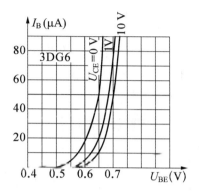

图 1.2.5 三极管的输入特性曲线族

实验三　单管共射放大电路

一、实验目的

(1) 掌握单级共射放大电路静态工作点的测量和调整方法。
(2) 了解电路参数变化对静态工作点的影响。
(3) 掌握单级共射放大电路动态指标（A_v、R_i、R_o）的测量方法。

二、实验仪器与设备

序号	名称	数量	备注	序号	名称	数量	备注
1	模拟电路实验装置	1		4	交流毫伏表	1	
2	示波器	1		5	万用表	1	
3	函数信号发生器	1					

三、实验原理与参考电路

图 1.3.1 为电阻分压式工作点稳定单管放大器实验电路图。它的偏置电路采用 R_{B1} 和 R_{B2} 组成的分压电路，并在发射极中接有电阻 R_E，以稳定放大器的静态工作点。当在放大器的输入端加入输入信号 u_i 后，在放大器的输出端便可得到一个与 u_i 相位相反、幅值被放大了的输出信号 u_o，从而实现了电压放大。

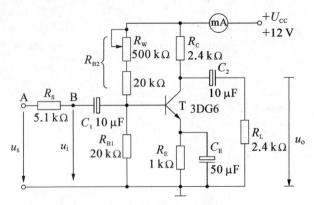

图 1.3.1　共射极单管放大器实验电路

在图 1.3.1 电路中，当流过偏置电阻 R_{B1} 和 R_{B2} 的电流远大于晶体管 T 的基极电流 I_B 时（一般 5～10 倍），则它的静态工作点可用下式估算

$$U_B \approx \frac{R_{B1}}{R_{B1} + R_{B2}} U_{CC}$$

$$I_E \approx \frac{U_B - U_{BE}}{R_E} \approx I_C$$

$$U_{CE} = U_{CC} - I_C(R_C + R_E)$$

电压放大倍数

$$A_v = -\beta \frac{R_C \text{ // } R_L}{r_{be}}$$

输入电阻

$$R_i = R_{B1} \text{ // } R_{B2} \text{ // } r_{be}$$

输出电阻

$$R_o \approx R_C$$

由于电子器件性能的分散性比较大,因此,在设计和制作晶体管放大电路时,离不开测量和调试技术。在设计前应测量所用元器件的参数,为电路设计提供必要的依据;在完成设计和装配以后,还必须测量和调试放大器的静态工作点和各项性能指标。一个优质放大器,必定是理论设计与实验调整相结合的产物。因此,除了学习放大器的理论知识和设计方法外,还必须掌握必要的测量和调试技术。

放大器的测量和调试一般包括:放大器静态工作点的测量与调试,消除干扰与自激振荡及放大器各项动态参数的测量与调试等。

1. 放大器静态工作点的测量与调试

(1) 静态工作点的测量。

测量放大器的静态工作点,应在输入信号 $u_i = 0$ 的情况下进行,即将放大器输入端与地端短接,然后选用量程合适的直流毫安表和直流电压表,分别测量晶体管的集电极电流 I_C 以及各电极对地的电位 U_B、U_C 和 U_E。一般实验中,为了避免断开集电极,所以采用测量电压 U_E 或 U_C,然后算出 I_C 的方法。例如,只要测出 U_E,即可用

$$I_C \approx I_E = \frac{U_E}{R_E} \text{ 算出 } I_C \left(\text{也可根据 } I_C = \frac{U_{CC} - U_C}{R_C}, \text{由 } U_C \text{ 确定 } I_C \right)$$

同时也能算出 $U_{BE} = U_B - U_E$,$U_{CE} = U_C - U_E$。

为了减小误差,提高测量精度,应选用内阻较高的直流电压表。

(2) 静态工作点的调试。

放大器静态工作点的调试是指对管子集电极电流 I_C(或 U_{CE})的调整与测试。

静态工作点是否合适,对放大器的性能和输出波形都有很大的影响。如工作点偏高,放大器在加入交流信号以后容易产生饱和失真,此时,u_o 的负半周将被削底,如图 1.3.2(a)所示;如工作点偏低则易产生截止失真,即 u_o 的正半周被缩顶

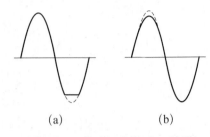

图 1.3.2 静态工作点对 u_o 波形失真的影响

（一般截止失真不如饱和失真明显），如图 1.3.2(b)所示。这些情况都不符合不失真放大的要求。所以在选定工作点以后还必须进行动态调试，即在放大器的输入端加入一定的输入电压 u_i，检查输出电压 u_o 的大小和波形是否满足要求。如不满足，则应调节静态工作点的位置。

改变电路参数 U_{CC}、R_C、R_B（R_{B1}、R_{B2}）都会引起静态工作点的变化，如图 1.3.3 所示。但通常多采用调节偏置电阻 R_{B2} 的方法来改变静态工作点，如减小 R_{B2}，则可使静态工作点提高等。

最后还要说明的是，上面所说的工作点"偏高"或"偏低"不是绝对的，应该是指相对信号的幅度而言，如输入信号幅度很小，即使工作点较高或较低也不一定会出现失真。所以确切地说，产生波形失真是信号幅度与静态工作点设置配合不当所致。如需满足较大信号幅度的要求，静态工作点最好尽量靠近交流负载线的中点。

2. 放大器动态指标测试

放大器动态指标包括电压放大倍数、输入电阻、输出电阻、最大不失真输出电压（动态范围）和通频带等。

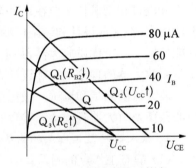

图 1.3.3 电路参数对静态工作点的影响

（1）电压放大倍数 A_v 的测量。

调整放大器到合适的静态工作点，然后加入输入电压 u_i，在输出电压 u_o 不失真的情况下，用交流毫伏表测出 u_i 和 u_o 的有效值 U_i 和 U_o，则

$$A_v = \frac{U_o}{U_i}$$

（2）输入电阻 R_i 的测量。

为了测量放大器的输入电阻，按图 1.3.4 电路在被测放大器的输入端与信号源之间串入一已知电阻 R，在放大器正常工作的情况下，用交流毫伏表测出 U_S 和 U_i，则根据输入电阻的定义可得

$$R_i = \frac{U_i}{I_i} = \frac{U_i}{\dfrac{U_R}{R}} = \frac{U_i}{U_S - U_i} R$$

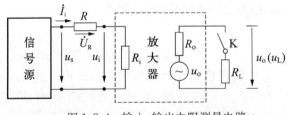

图 1.3.4 输入、输出电阻测量电路

测量时应注意下列几点：

① 由于电阻 R 两端没有电路公共接地点，所以测量 R 两端电压 U_R 时必须分别测出 U_S 和 U_i，然后按 $U_R = U_S - U_i$ 求出 U_R 值。

② 电阻 R 的值不宜取得过大或过小，以免产生较大的测量误差，通常取 R 与 R_i 为同一数量级为好，本实验可取 $R = 1 \sim 2\ \text{k}\Omega$。

(3) 输出电阻 R_o 的测量。

按图 1.3.4 电路，在放大器正常工作条件下，测出输出端不接负载 R_L 的输出电压 U_o 和接入负载后的输出电压 U_L，根据

$$U_L = \frac{R_L}{R_o + R_L} U_o$$

即可求出

$$R_o = \left(\frac{U_o}{U_L} - 1\right) R_L$$

在测试中应注意，必须保持 R_L 接入前后输入信号的大小不变。

(4) 最大不失真输出电压 $U_{oP\text{-}P}$ 的测量(最大动态范围)。

如上所述，为了得到最大动态范围，应将静态工作点调在交流负载线的中点。为此在放大器正常工作情况下，逐步增大输入信号的幅度，并同时调节 R_W (改变静态工作点)，用示波器观察 u_o，当输出波形同时出现削底和缩顶现象(如图 1.3.5)时，说明静态工作点已调在交流负载线的中点。然后反复调整输入信号，使波形输出幅度最大，且无明显失真时，用交流毫伏表测出 U_o (有效值)，则动态范围等于 $2\sqrt{2} U_o$，或用示波器直接读出 $U_{oP\text{-}P}$ 来。

(5) 放大器幅频特性的测量。

放大器的幅频特性是指放大器的电压放大倍数 A_u 与输入信号频率 f 之间的关系曲线。单管阻容耦合放大电路的幅频特性曲线如图 1.3.6 所示，A_{um} 为中频电压放大倍数，通常规定电压放大倍数随频率变化下降到中频放大倍数的 $1/\sqrt{2}$ 倍，即 $0.707 A_{um}$ 所对应的频率分别称为下限频率 f_L 和上限频率 f_H，则通频带

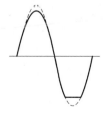

图 1.3.5　静态工作点正常，输入信号太大引起的失真

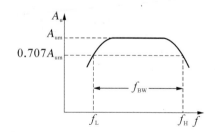

图 1.3.6　幅频特性曲线

$$f_{BW} = f_H - f_L$$

放大器的幅率特性就是测量不同频率信号时的电压放大倍数 A_u。为此,可采用前述测 A_u 的方法,每改变一个信号频率,测量其相应的电压放大倍数,测量时应注意取点要恰当,在低频段与高频段应多测几点,在中频段可以少测几点。此外,在改变频率时,要保持输入信号的幅度不变,且输出波形不得失真。

四、实验内容与步骤

实验电路如图 1.3.1 所示,电子仪器可按实验一中图 1.1.1 所示方式连接,为防止干扰,各仪器的公共端必须连在一起,同时信号源、交流毫伏表和示波器的引线应采用专用电缆线或屏蔽线,如使用屏蔽线,则屏蔽线的外包金属网应接在公共接地端上。

1. 调试静态工作点

接通直流电源前,先将 R_W 调至最大,函数信号发生器输出旋钮旋至零。接通 +12 V 电源、调节 R_W,使 $I_C = 2.0$ mA(即 $U_E = 2.0$ V),用直流电压表测量 U_B、U_E、U_C 及用万用电表测量 R_{B2} 值。记入表 1.3.1。

表 1.3.1 静态测量数据($I_C = 2$ mA)

测量值				计算值		
U_B(V)	U_E(V)	U_C(V)	R_{B2}(kΩ)	U_{BE}(V)	U_{CE}(V)	I_C(mA)

2. 测量电压放大倍数

在放大器输入端加入频率为 1 kHz 的正弦信号 u_S,调节函数信号发生器的输出旋钮使放大器输入电压 $U_i \approx 10$ mV,同时用示波器观察放大器输出电压 u_o 波形,在波形不失真的条件下用交流毫伏表测量下述三种情况下的 U_o 值,并用双踪示波器观察 u_o 和 u_i 的相位关系,记入表 1.3.2。

表 1.3.2 电压放大倍数测量数据($I_C = 2.0$ mA,$U_i = 10$ mV)

R_C(kΩ)	R_L(kΩ)	U_o(V)	A_V	观察记录一组 u_i 和 u_o 波形
2.4	∞			
1.2	∞			
2.4	2.4			

3. 观察静态工作点对电压放大倍数的影响

置 $R_C = 2.4\,\mathrm{k\Omega}$,$R_L = \infty$,$U_i$适量,调节 R_W,用示波器监视输出电压波形,在 u_o不失真的条件下,测量数组 I_C 和 U_o 值,记入表 1.3.3。

表 1.3.3 静态对电压增益的影响($R_C = 2.4\,\mathrm{k\Omega}$,$R_L = \infty$,$U_i = (\quad)\,\mathrm{mV}$)

$I_C(\mathrm{mA})$			2.0		
$U_o(\mathrm{V})$					
A_v					

测量 I_C 时,要先将信号源输出旋钮旋至零(即使 $U_i = 0$)。

4. 观察静态工作点对输出波形失真的影响

置 $R_C = 2.4\,\mathrm{k\Omega}$,$R_L = 2.4\,\mathrm{k\Omega}$,$u_i = 0$,调节 R_W 使 $I_C = 2.0\,\mathrm{mA}$,测出 U_{CE} 值,再逐步加大输入信号,使输出电压 u_o 足够大但不失真。然后保持输入信号不变,分别增大和减小 R_W,使波形出现失真,绘出 u_o 的波形,并测出失真情况下的 I_C 和 U_{CE} 值,记入表 1.3.4 中。每次测 I_C 和 U_{CE} 值时都要将信号源的输出旋钮旋至零。

表 1.3.4 截幅失真情况($R_C = 2.4\,\mathrm{k\Omega}$,$R_L = \infty$,$U_i = (\quad)\,\mathrm{mV}$)

$I_C(\mathrm{mA})$	$U_{CE}(\mathrm{V})$	u_o 波形	失真情况	管子工作状态
2.0				

5. 测量最大不失真输出电压

置 $R_C = 2.4\,\mathrm{k\Omega}$,$R_L = 2.4\,\mathrm{k\Omega}$,同时调节输入信号的幅度和电位器 R_W,用示

波器和交流毫伏表测量 U_{oP-P} 及 U_o 值,记入表1.3.5。

表1.3.5 动态范围测试($R_C = 2.4\text{ k}\Omega, R_L = 2.4\text{ k}\Omega$)

I_C(mA)	U_{im}(mV)	U_{om}(V)	U_{oP-P}(V)

*6. 测量输入电阻和输出电阻

置 $R_C = 2.4 \text{ k}\Omega$,$R_L = 2.4 \text{ k}\Omega$,$I_C = 2.0 \text{ mA}$。输入 $f = 1 \text{ kHz}$ 的正弦信号,在输出电压 u_o 不失真的情况下,用交流毫伏表测出 U_S、U_i 和 U_L,记入表1.3.6。

保持 U_S 不变,断开 R_L,测量输出电压 U_o,记入表1.3.6。

表1.3.6 输入、输出电阻测量($I_C = 2 \text{ mA}, R_C = 2.4 \text{ k}\Omega, R_L = 2.4 \text{ k}\Omega$)

U_S (mV)	U_i (mV)	R_i(kΩ)		U_L(V)	U_o(V)	R_o(kΩ)	
		测量值	计算值			测量值	计算值

*7. 测量幅频特性曲线

取 $I_C = 2.0 \text{ mA}$,$R_C = 2.4 \text{ k}\Omega$,$R_L = 2.4 \text{ k}\Omega$。保持输入信号 u_i 的幅度不变,改变信号源频率 f,逐点测出相应的输出电压 U_o,记入表1.3.7。

表1.3.7 幅频特性测试($U_i = $ mV)

	f_l	f_o	f_n
f(kHz)			
U_o(V)			
$A_v = U_o/U_i$			

为了信号源频率 f 取值合适,可先粗测一下,找出中频范围,然后再仔细读数。

* 本实验内容较多,其中6、7可作为选作内容。

五、实验报告要求

(1) 列表整理测量结果,并把实测的静态工作点、电压放大倍数、输入电阻、输出电阻之值与理论计算值比较,分析产生误差原因。

(2) 总结 R_C,R_L 及静态工作点对放大器性能的影响。

（3）分析讨论在调试过程中出现的问题。

六、实验思考题

（1）能否用直流电压表直接测量晶体管的 U_{BE}？实验中为什么要采用测 U_B、U_E，再间接算出 U_{BE} 的方法？

（2）测试中，如果将函数信号发生器、交流毫伏表、示波器中任一仪器的二个测试端子接线换位，将会出现什么问题？

（3）在测试 A_V、R_i 和 R_o 时怎样选择输入信号的大小和频率？为什么信号频率一般选 1 kHz，而不选 100 kHz 或更高？

实验四　单管共射放大电路(仿真)

一、实验目的

(1) 学习创建、编辑 EWB 电路的方法。
(2) 练习虚拟模拟仪器的使用。
(3) 通过观察和测试不同静态工作点对放大器性能的影响。

二、实验仪器与设备

序号	名称	数量	备注
1	计算机	1	
2	EWB 5.0 C 软件等		

三、实验原理

启动 EWB 5.0 可以看到如图 1.4.1 所示的主窗口,它由菜单栏、工具栏、元器

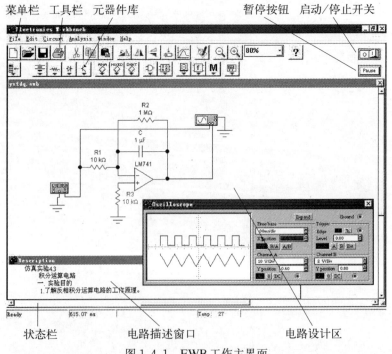

图 1.4.1　EWB 工作主界面

件库区、电路设计区、电路描述窗口、状态栏和暂停按钮、启动/停止开关组成。从图中可以看到,EWB模仿了一个实际的电子工作台,其中最大的区域是电路设计区,在这里可进行电路的创建、测试和分析。

EWB的元器件库提供了非常丰富的元器件和各种常用测试仪器,设计电路时,只要单击所需元器件库的图标即可打开该库。

四、实验内容与步骤

(1) 创建如图 1.4.2 所示的单级放大器仿真实验电路。电路中晶体管的参数选用默认值,电位器阻值变化一次的幅度设置为 5%。

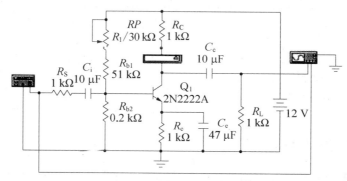

图 1.4.2 单级放大电路

(2) 调节 RP 等于 3 kΩ,运行电路,测出 I_C,用示波器观察输出电压波形,并测量放大器的增益。

(3) 调节 RP 分别等于 1.5 kΩ、15 kΩ、30 kΩ,测出相应的 I_C 值和输出电压动态范围。

(4) 用波特图仪测量幅频特性曲线。

(5) 利用参数扫描功能,分析 C_e 从 0.1 μF 到 100 μF 变化时对放大器幅频特性的影响。

五、实验报告

(1) 自拟表格,整理实验数据。
(2) 分析总结静态工作点对放大器性能的影响。
(3) 总结使用 EWB 仿真软件的体会。

六、实验思考题

(1) 输出波形失真的原因有哪些?怎样克服?
(2) 如果 R_{b2} 短路,放大器会出现什么故障?

实验五 场效应管放大器

一、实验目的

(1) 了解结型场效应管的性能和特点。
(2) 进一步熟悉放大器动态参数的测试方法。

二、实验仪器与设备

序号	名称	数量	备注	序号	名称	数量	备注
1	模拟电路实验装置	1		4	交流毫伏表	1	
2	示波器	1		5	万用表	1	
3	函数信号发生器	1					

三、实验原理与参考电路

场效应管是一种电压控制型器件。按结构可分为结型和绝缘栅型两种类型。由于场效应管栅源之间处于绝缘或反向偏置,所以输入电阻很高(一般可达上百兆欧),又由于场效应管是一种多数载流子控制器件,因此,热稳定性好,抗辐射能力强,噪声系数小。加之制造工艺较简单,便于大规模集成,因而得到越来越广泛的应用。

1. 结型场效应管的特性和参数

场效应管的特性主要有输出特性和转移特性。图 1.5.1 所示为 N 沟道结型场效应管 3DJ6F 的输出特性和转移特性曲线。

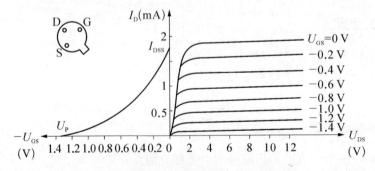

图 1.5.1 3DJ6F 的输出特性和转移特性曲线

其直流参数主要有饱和漏极电流 I_{DSS}，夹断电压 U_P 等；交流参数主要有低频跨导

$$g_m = \frac{\Delta I_D}{\Delta U_{GS}} \bigg|_{U_{DS}=常数}$$

表 1.5.1 列出了 3DJ6F 的典型参数值及测试条件。

表 1.5.1 3DJ6F 的典型参数值

参 数 名 称	饱和漏极电流 I_{DSS}(mA)	夹断电压 U_P(V)	跨导 g_m(μA/V)
测试条件	$U_{DS} = 10$ V $U_{GS} = 0$ V	$U_{DS} = 10$ V $I_{DS} = 50\ \mu$A	$U_{DS} = 10$ V $I_{DS} = 3$ mA $f = 1$ kHz
参 数 值	1～3.5	<|-9|	>100

2．场效应管放大器性能分析

图 1.5.2 为结型场效应管组成的共源级放大电路。其静态工作点

$$U_{GS} = U_G - U_S = \frac{R_{g1}}{R_{g1}+R_{g2}}U_{DD} - I_D R_S$$

$$I_D = I_{DSS}\left(1 - \frac{U_{GS}}{U_P}\right)^2$$

中频电压放大倍数

$$A_v = -g_m R_L' = -g_m R_D /\!/ R_L$$

输入电阻

$$R_i = R_G + R_{g1} /\!/ R_{g2}$$

输出电阻

$$R_o \approx R_D$$

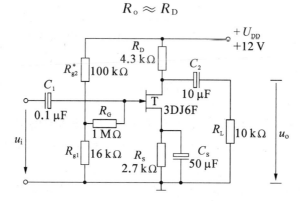

图 1.5.2 结型场效应管共源级放大器

式中跨导 g_m 可由特性曲线用作图法求得,或用公式

$$g_m = -\frac{2I_{DSS}}{U_P}\left(1 - \frac{U_{GS}}{U_P}\right)$$

进行计算。但要注意,计算时 U_{GS} 要用静态工作点处的数值。

3. 输入电阻的测量方法

场效应管放大器的静态工作点、电压放大倍数和输出电阻的测量方法,与实验二中晶体管放大器的测量方法相同。其输入电阻的测量,从原理上讲,也可采用实验二中所述方法,但由于场效应管的 R_i 比较大,如直接测输入电压 U_S 和 U_i,由于测量仪器的输入电阻有限,必然会带来较大的误差。因此,为了减小误差,常利用被测放大器的隔离作用,通过测量输出电压 U_o 来计算输入电阻。测量电路如图 1.5.3 所示。

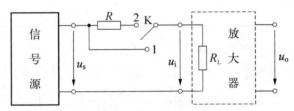

图 1.5.3 输入电阻测量电路

在放大器的输入端串入电阻 R,把开关 K 掷向位置 1(即使 $R=0$),测量放大器的输出电压 $U_{o1} = A_V U_S$;保持 U_S 不变,再把 K 掷向位置 2(即接入 R),测量放大器的输出电压 U_{o2}。由于两次测量中 A_V 和 U_S 保持不变,故

$$U_{o2} = A_V U_i = \frac{R_i}{R + R_i} U_S A_V$$

由此可以求出

$$R_i = \frac{U_{o2}}{U_{o1} - U_{o2}} R$$

式中 R 和 R_i 不要相差太大,本实验可取 $R = 100 \sim 200 \text{ k}\Omega$。

四、实验内容

1. 静态工作点的测量和调整

(1) 按图 1.5.2 所示线路连接电路,令 $u_i = 0$,接通 +12 V 电源,用直流电压表测量 U_G、U_S 和 U_D。检查静态工作点是否在特性曲线放大区的中间部分,如合适则把结果记入表 1.5.2。

(2) 若(1)中静态工作点位置不合适,则适当调整 R_{g2} 和 R_s,调好后,再测量 U_G、U_S 和 U_D 记入表 1.5.2。

表 1.5.2　静态工作点测量

测量值						计算值		
$U_G(V)$	$U_S(V)$	$U_D(V)$	$U_{DS}(V)$	$U_{GS}(V)$	$I_D(mA)$	$U_{DS}(V)$	$U_{GS}(V)$	$I_D(mA)$

2. 电压放大倍数 A_v、输入电阻 R_i 和输出电阻 R_o 的测量

(1) A_v 和 R_o 的测量。

在放大器的输入端加入 $f = 1\,\text{kHz}$ 的正弦信号 $U_i (\approx 50 \sim 100\,\text{mV})$，并用示波器监视输出电压 u_o 的波形。在输出电压 u_o 没有失真的条件下，用交流毫伏表分别测量 $R_L = \infty$ 和 $R_L = 10\,\text{k}\Omega$ 时的输出电压 U_o（注意：保持 U_i 幅值不变），记入表 1.5.3。

表 1.5.3　动态参数测试

	测量值				计算值		u_i 和 u_o 波形
	$U_i(V)$	$U_o(V)$	A_v	$R_o(\text{k}\Omega)$	A_v	$R_o(\text{k}\Omega)$	
$R_L = \infty$							
$R_L = 10\,\text{k}\Omega$							

用示波器同时观察 u_i 和 u_o 的波形，将其描绘出来并分析它们的相位关系。

(2) R_i 的测量。

按图 1.5.3 改接实验电路，选择合适大小的输入电压 U_S（约 50～100 mV），将开关 K 掷向"1"，测出 $R = 0$ 时的输出电压 U_{o1}，然后将开关掷向"2"，接入 R，保持 U_S 不变，再测出 U_{o2}，根据公式

$$R_i = \frac{U_{o2}}{U_{o1} - U_{o2}} R$$

求出 R_i，记入表 1.5.4。

表 1.5.4　输入电阻的测量

测量值			计算值
$U_{o1}(V)$	$U_{o2}(V)$	$R_i(\text{k}\Omega)$	$R_i(\text{k}\Omega)$

五、实验报告要求

(1) 整理实验数据,将测得的 A_v、R_i、R_o 和理论计算值进行比较。
(2) 把场效应管放大器与晶体管放大器进行比较,总结场效应管放大器的特点。
(3) 分析测试中的问题,总结实验体会。

六、实验思考题

(1) 为什么测量场效应管输入电阻时要用测量输出电压的方法?
(2) 场效应管放大器输入回路的电容 C_1 为什么可以取得小一些(可以取 $C_1 = 0.1\ \mu F$)?
(3) 在测量场效应管静态工作电压 U_{GS} 时,能否用直流电压表直接并在 G、S 两端测量?为什么?

实验六 射极跟随器

一、实验目的

(1) 掌握射极跟随器的特性及测试方法。
(2) 进一步学习放大器各项参数测试方法。

二、实验仪器与设备

序号	名称	数量	备注	序号	名称	数量	备注
1	模拟电路实验装置	1		4	交流毫伏表	1	
2	示波器	1		5	万用表	1	
3	函数信号发生器	1					

三、实验原理与参考电路

射极跟随器的原理图如图 1.6.1 所示。它是一个电压串联负反馈放大电路，它具有输入电阻高、输出电阻低、电压放大倍数接近于 1，而输出电压能够在较大范围内跟随输入电压作线性变化以及输入、输出信号同相等特点。

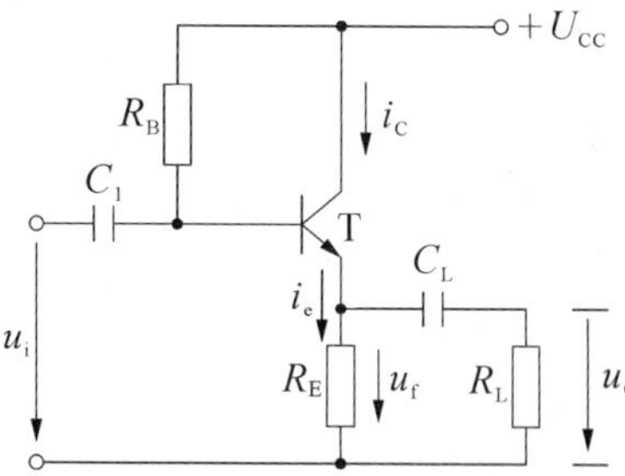

射极跟随器的输出取自发射极，故称其为射极输出器。

图 1.6.1 射极跟随器

1. 输入电阻 R_i

图 1.6.1 电路中

$$R_i = r_{be} + (1+\beta)R_E$$

如考虑偏置电阻 R_B 和负载 R_L 的影响，则

$$R_i = R_B \mathbin{/\mkern-5mu/} [r_{be} + (1+\beta)(R_E \mathbin{/\mkern-5mu/} R_L)]$$

由上式可知射极跟随器的输入电阻 R_i 比共射极单管放大器的输入电阻 $R_i = R_B \mathbin{/\mkern-5mu/} r_{be}$ 要高得多，但由于偏置电阻 R_B 的分流作用，输入电阻难以进一步提高。

输入电阻的测试方法同单管放大器，实验线路如图 1.6.2 所示。

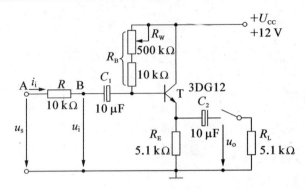

图 1.6.2 射极跟随器实验电路

$$R_i = \frac{U_i}{I_i} = \frac{U_i}{U_S - U_i} R$$

即只要测得 A、B 两点的对地电位便可计算出 R_i。

2．输出电阻 R_o

图 1.6.1 电路

$$R_o = \frac{r_{be}}{\beta} // R_E \approx \frac{r_{be}}{\beta}$$

如考虑信号源内阻 R_S，则

$$R_o = \frac{r_{be} + (R_S // R_B)}{\beta} // R_E \approx \frac{r_{be} + (R_S // R_B)}{\beta}$$

由上式可知射极跟随器的输出电阻 R_o 比共射极单管放大器的输出电阻 $R_o \approx R_C$ 低得多。三极管的 β 愈高，输出电阻愈小。

输出电阻 R_o 的测试方法亦同单管放大器，即先测出空载输出电压 U_o，再测接入负载 R_L 后的输出电压 U_L，根据

$$U_L = \frac{R_L}{R_o + R_L} U_o$$

即可求出 R_o，

$$R_o = \left(\frac{U_o}{U_L} - 1\right) R_L$$

3．电压放大倍数

图 1.6.1 所示电路中

$$A_v = \frac{(1+\beta)(R_E // R_L)}{r_{be} + (1+\beta)(R_E // R_L)} \leqslant 1$$

上式说明射极跟随器的电压放大倍数小于近于 1，且为正值。这是深度电压负反馈的结果。但它的射极电流仍比基流大 $(1+\beta)$ 倍，所以它具有一定的电流和功率放

大作用。

4. 电压跟随范围

电压跟随范围是指射极跟随器输出电压 u_o 跟随输入电压 u_i 作线性变化的区域。当 u_i 超过一定范围时, u_o 便不能跟随 u_i 作线性变化, 即 u_o 波形产生了失真。为了使输出电压 u_o 正、负半周对称,并充分利用电压跟随范围,静态工作点应选在交流负载线中点,测量时可直接用示波器读取 u_o 的峰—峰值, 即电压跟随范围; 或用交流毫伏表读取 u_o 的有效值,则电压跟随范围

$$U_{oP\text{-}P} = 2\sqrt{2}U_o$$

四、实验内容

按图 1.6.2 所示线路连接电路。

1. 静态工作点的调整

接通 +12 V 直流电源,在 B 点加入 $f = 1\text{ kHz}$ 正弦信号 u_i, 输出端用示波器监视输出波形, 反复调整 R_W 及信号源的输出幅度, 使在示波器的屏幕上出现一个最大不失真的输出波形, 然后置 $u_i = 0$, 用直流电压表测量晶体管各电极对地电位, 将测得数据记入表 1.6.1。

表 1.6.1 静态工作点参数

$U_E(V)$	$U_B(V)$	$U_C(V)$	$I_E(mA)$

在下面整个测试过程中应保持 R_W 值不变(即保持静工作点 I_E 不变)。

2. 测量电压放大倍数 A_V

接入负载 $R_L = 1\text{ k}\Omega$, 在 B 点加 $f = 1\text{ kHz}$ 正弦信号 u_i, 调节输入信号幅度, 用示波器观察输出波形 u_o, 在输出最大不失真情况下, 用交流毫伏表测 U_i、U_L 值, 记入表 1.6.2。

表 1.6.2 电压增益测量

$U_i(V)$	$U_L(V)$	A_V

3. 测量输出电阻 R_o

接上负载 $R_L = 1\text{ k}\Omega$, 在 B 点加 $f = 1\text{ kHz}$ 正弦信号 u_i, 用示波器监视输出波形, 测量空载输出电压 U_o, 有负载时输出电压 U_L, 记入表 1.6.3。

表 1.6.3　输出电阻测量

U_o(V)	U_L(V)	R_o(kΩ)

4．测量输入电阻 R_i

在 A 点加 $f=1\mathrm{kHz}$ 的正弦信号 u_S，用示波器监视输出波形，用交流毫伏表分别测出 A、B 点对地的电位 U_S、U_i，记入表 1.6.4。

表 1.6.4　输入电阻测量

U_S(V)	U_i(V)	R_i(kΩ)

5．测试跟随特性

接入负载 $R_L=1\mathrm{k}\Omega$，在 B 点加入 $f=1\mathrm{kHz}$ 正弦信号 u_i，逐渐增大信号 u_i 幅度，用示波器监视输出波形直至输出波形达到最大不失真，测量对应的 U_L 值，记入表 1.6.5。

表 1.6.5　跟随特性测量数据

U_i(V)	
U_L(V)	

6．测试频率响应特性

保持输入信号 u_i 幅度不变，改变信号源频率，用示波器监视输出波形，用交流毫伏表测量不同频率下的输出电压 U_L 值，记入表 1.6.6。

表 1.6.6　频率响应特性测量数据

f(kHz)	
U_L(V)	

五、实验报告要求

（1）整理实验数据，计算跟随器的相关参数。

（2）求出输出电压跟随范围，并与用作图法求得的跟随范围相比较。

（3）根据测量结果，分析射极跟随器的性能和特点。

六、实验思考题

（1）R_B 电阻的选择对提高放大器输入电阻有何影响？

（2）射极跟随器在实际电路中的作用是什么？

实验七　负反馈放大电路

一、实验目的

加深理解放大电路中引入负反馈的方法和负反馈对放大器各项性能指标的影响。

二、实验仪器与设备

序号	名称	数量	备注	序号	名称	数量	备注
1	模拟电路实验装置	1		4	交流毫伏表	1	
2	示波器	1		5	万用表	1	
3	函数信号发生器	1					

三、实验原理与参考电路

负反馈在电子电路中有着非常广泛的应用,虽然它使放大器的放大倍数降低,但能在多方面改善放大器的动态指标,如稳定放大倍数,改变输入、输出电阻,减小非线性失真和展宽通频带等。因此,几乎所有的实用放大器都带有负反馈。

负反馈共有四种类型,本实验仅对"电压串联"负反馈进行研究。实验电路由两级共射放大电路引入电压串联负反馈,构成负反馈放大器。

图1.7.1为带有负反馈的两级阻容耦合放大电路,在电路中通过R_f把输出电压u_o引回到输入端,加在晶体管T_1的发射极上,在发射极电阻R_{F1}上形成反馈电

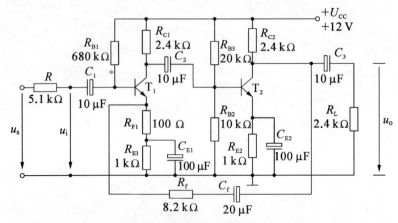

图1.7.1　带有电压串联负反馈的两级阻容耦合放大器

压 u_f。根据反馈的判断法可知,它属于电压串联负反馈。

1. 电压串联负反馈对放大器性能的影响

(1) 引入负反馈降低了电压放大倍数。

$$\dot{A}_{vf} = \frac{\dot{A}_v}{1 + \dot{A}_v \dot{F}_v}$$

式中,$\dot{F}_v$ 是反馈系数

$$\dot{F}_v = \frac{\dot{U}_f}{\dot{U}_o} = \frac{R_{e1}}{R_{e1} + R_f}$$

A_v 是放大器无级间反馈(即 $V_f = 0$,但要考虑反馈网络阻抗的影响)时的电压放大倍数,其值可由图 1.7.2 所示交流等效电路求出。

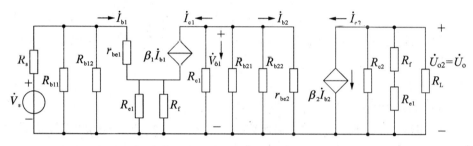

图 1.7.2 求 A_v 的交流等效电路

设 $(R_{b1} + R_W) \mathbin{/\mkern-6mu/} R_2 \gg R_S$,则有

$$\dot{A}_{vf} = -\frac{\beta_1 R'_{L1}}{R_S + r_{be1} + (1 + \beta_1) R'_{e1}}$$

$$\dot{A}_{v2} = -\frac{\beta_2 R'_{L2}}{r_{be2}}$$

$$\dot{A}_v = \dot{A}_{v1} \cdot \dot{A}_{v2}$$

式中,第一级交流负载电阻

$$R'_{L1} = R_{c1} \mathbin{/\mkern-6mu/} R_{i2} = R_{c1} \mathbin{/\mkern-6mu/} R_{b21} \mathbin{/\mkern-6mu/} R_{b22} \mathbin{/\mkern-6mu/} r_{be2}$$

第二级交流负载电阻

$$R'_{L2} = R_{c2} \mathbin{/\mkern-6mu/} (R_f + R_{e1}) \mathbin{/\mkern-6mu/} R_L$$

$$R'_{e1} = R_{e1} \mathbin{/\mkern-6mu/} R_f$$

从式

$$\dot{A}_{vf} = \frac{\dot{A}_v}{1 + \dot{A}_v \dot{F}_v}$$

中可知,引入负反馈后,电压放大倍数 $\dot{A}_{vf}$ 比没有负反馈时的电压放大倍数 $\dot{A}_{vo}$ 降低了 $(1 + \dot{A}_v \dot{F}_v)$ 倍,并且 $|1 + \dot{A}_v \dot{F}_v|$ 愈大,放大倍数降低愈多。

(2) 负反馈可提高放大倍数的稳定性。

$$\frac{\mathrm{d}A_\mathrm{f}}{A_\mathrm{f}} = \frac{1}{1+AF} \cdot \frac{\mathrm{d}A}{A}$$

上式表明：引进负反馈后，放大器闭环放大倍数 A_f 的相对变化量 $\dfrac{\mathrm{d}A_\mathrm{f}}{A_\mathrm{f}}$ 比开环放大倍数的相对变化量 $\dfrac{\mathrm{d}A}{A}$ 减少了 $(1+AF)$ 倍，即闭环增益的稳定性提高了 $(1+AF)$ 倍。

(3) 负反馈可扩展放大器的通频带。

引入负反馈后，放大器闭环时的上、下限截止频率分别为：

$$f_\mathrm{Hf} = |1+\dot{A}\dot{F}| f_\mathrm{H}$$

$$f_\mathrm{Lf} = \frac{f_\mathrm{L}}{|1+\dot{A}\dot{F}|}$$

可见，引入负反馈后，f_Hf 向高端扩展了 $|1+\dot{A}\dot{F}|$ 倍，f_Lf 向低端扩展了 $\dfrac{1}{|1+\dot{A}\dot{F}|}$ 倍，从而使通频带得以加宽。

(4) 负反馈对输入阻抗、输出阻抗的影响。

负反馈对放大器输入阻抗和输出阻抗的影响比较复杂。不同的反馈形式，对阻抗的影响不一样。一般而言，串联负反馈可以增加输入阻抗，并联负反馈可以减小输入阻抗；电压负反馈将减少输出阻抗，电流负反馈将增加输出阻抗。本实验引入的是电压串联负反馈，所以对整个放大器而言，输入阻抗增加了，而输出阻抗降低了。它们增加和降低的程度与反馈深度 $(1+AF)$ 有关，在反馈环内满足

$$R_\mathrm{if} = R_\mathrm{i}(1+AF)$$

$$R_\mathrm{of} \approx \frac{R_\mathrm{o}}{1+AF}$$

(5) 负反馈能减小反馈环内的非线性失真。

综上所述，在放大器中引入电压串联负反馈后，不仅可以提高放大器放大倍数的稳定性，还可以扩展放大器的通频带，提高输入电阻和降低输出电阻，减小非线性失真。

2. 放大器的动态参数

本实验还需要测量基本放大器的动态参数，怎样实现无反馈而得到基本放大器呢？不能简单地断开反馈支路，而是要去掉反馈作用，但又要把反馈网络的影响（负载效应）考虑到基本放大器中去。为此：

(1) 在画基本放大器的输入回路时，因为是电压负反馈，所以可将负反馈放大器的输出端交流短路，即令 $u_\mathrm{o} = 0$，此时，R_f 相当于并联在 R_F1 上。

(2) 在画基本放大器的输出回路时，由于输入端是串联负反馈，因此，需将反馈放大器的输入端（T_1 管的射极）开路，此时（$R_\mathrm{f} + R_\mathrm{F1}$）相当于并联接在输出端。

可近似认为 R_f 并接在输出端。

根据上述规律,就可得到所要求的如图 1.7.3 所示的基本放大器。

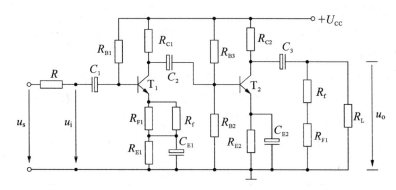

图 1.7.3 基本放大器

四、实验内容

1. 测量静态工作点

按图 1.7.1 所示线路连接实验电路,取 $U_{CC} = +12\text{ V}$,$U_i = 0$,用直流电压表分别测量第一级、第二级的静态工作点,记入表 1.7.1。

表 1.7.1 测量静态工作点测量数据

	$U_B(\text{V})$	$U_E(\text{V})$	$U_C(\text{V})$	$I_C(\text{mA})$
第一级				
第二级				

2. 测试基本放大器的各项性能指标

将实验电路按图 1.7.3 改接,即把 R_f 断开后分别并在 R_{F1} 和 R_L 上,其他连线不动。

(1) 测量中频电压放大倍数 A_v、输入电阻 R_i 和输出电阻 R_o。

① 以 $f = 1\text{ kHz}$,U_S 约 5 mV 正弦信号输入放大器,用示波器监视输出波形 u_o,在 u_o 不失真的情况下,用交流毫伏表测量 U_S、U_i、U_L,记入表 1.7.2。

表 1.7.2 放大器动态参数

	$U_S(\text{mV})$	$U_i(\text{mV})$	$U_L(\text{V})$	$U_o(\text{V})$	A_V	$R_i(\text{k}\Omega)$	$R_o(\text{k}\Omega)$
基本放大器							
负反馈放大器	$U_S(\text{mV})$	$U_i(\text{mV})$	$U_L(\text{V})$	$U_o(\text{V})$	A_{Vf}	$R_{if}(\text{k}\Omega)$	$R_{of}(\text{k}\Omega)$

② 保持 U_S 不变,断开负载电阻 R_L(注意,R_f 不要断开),测量空载时的输出电压 U_o,记入表1.7.2。

(2) 测量通频带。

接上 R_L,保持(1)中的 U_S 不变,然后增加和减小输入信号的频率,找出上、下限频率 f_H 和 f_L,记入表1.7.3。

3. 测试负反馈放大器的各项性能指标

将实验电路恢复成图1.7.1的负反馈放大电路。适当加大 U_S(约 10 mV),在输出波形不失真的条件下,测量负反馈放大器的 A_{vf}、R_{if} 和 R_{of},记入表1.7.2;测量 f_{Hf} 和 f_{Lf},记入表1.7.3。

表1.7.3 放大器通频带测量数据

	f_L(kHz)	f_H(kHz)	Δf(kHz)
基本放大器			
负反馈放大器	f_{Lf}(kHz)	f_{Hf}(kHz)	Δf_f(kHz)

*4. 观察负反馈对非线性失真的改善

(1) 实验电路改接成基本放大器形式,在输入端加入 $f = 1$ kHz 的正弦信号,输出端接示波器,逐渐增大输入信号的幅度,使输出波形开始出现失真,记下此时的波形和输出电压的幅度。

(2) 再将实验电路改接成负反馈放大器形式,增大输入信号幅度,使输出电压幅度的大小与(1)相同,比较有负反馈时,输出波形的变化。

五、实验报告要求

(1) 整理实验数据,分别求取有无反馈时放大倍数、输入电阻、输出电阻及上下限频率。

(2) 将基本放大器和负反馈放大器动态参数的实测值和理论估算值列表进行比较,分析误差原因。

(3) 总结电压串联负反馈对放大器性能的影响。

六、实验思考题

(1) 为提高测量放大器放大倍数的准确度,对毫伏表或示波器的输入阻抗有什么要求?

(2) 如输入信号存在失真,能否用负反馈来改善?

(3) 如输出信号存在失真,能否用负反馈来改善?

(4) 怎样判断放大器是否存在自激振荡?如何进行消振?

实验八 差动式放大电路

一、实验目的

(1) 加深对差动放大器性能及特点的理解。
(2) 学习差动放大器主要性能指标的测试方法。

二、实验仪器与设备

序号	名称	数量	备注	序号	名称	数量	备注
1	模拟电路实验装置	1		4	交流毫伏表	1	
2	示波器	1		5	万用表	1	
3	函数信号发生器	1					

三、实验原理与参考电路

图 1.8.1 所示是差动放大器的基本结构。它由两个元件参数相同的基本共射放大电路组成。当开关 K 拨向左边时,构成典型的差动放大器。调零电位器 R_P 用来调节 T_1、T_2 管的静态工作点,使得输入信号 $U_i = 0$ 时,双端输出电压 $U_o = 0$。R_E 为两管共用的发射极电阻,它对差模信号无负反馈作用,因而不影响差模电压放大倍数,但对共模信号有较强的负反馈作用,故可以有效地抑制零漂,稳定静态工作点。

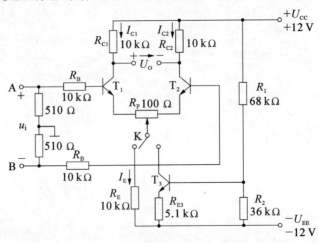

图 1.8.1 差动放大器实验电路

当开关 K 拨向右边时,构成具有恒流源的差动放大器。它用晶体管恒流源代替发射极电阻 R_E,可以进一步提高差动放大器抑制共模信号的能力。

1. 静态工作点的估算

典型电路

$$I_E \approx \frac{|U_{EE}| - U_{BE}}{R_E} \quad (认为 U_{B1} = U_{B2} \approx 0)$$

$$I_{C1} = I_{C2} = \frac{1}{2} I_E$$

恒流源电路

$$I_{C3} \approx I_{E3} \approx \frac{\frac{R_2}{R_1+R_2}(U_{CC}+|U_{EE}|) - U_{BE}}{R_{E3}}$$

$$I_{C1} = I_{C2} = \frac{1}{2} I_{C3}$$

2. 差模电压放大倍数和共模电压放大倍数

当差动放大器的射极电阻 R_E 足够大或采用恒流源电路时,差模电压放大倍数 A_d 由输出端方式决定,而与输入方式无关。

双端输出:$R_E \to \infty$,R_P 在中心位置时,

$$A_d = \frac{\Delta U_o}{\Delta U_i} = -\frac{\beta R_C}{R_B + r_{be} + \frac{1}{2}(1+\beta)R_P}$$

单端输出:

$$A_{d1} = \frac{\Delta U_{C1}}{\Delta U_i} = \frac{1}{2} A_d$$

$$A_{d2} = \frac{\Delta U_{C2}}{\Delta U_i} = -\frac{1}{2} A_d$$

当输入共模信号时,若为单端输出,则有

$$A_{C1} = A_{C2} = \frac{\Delta U_{C1}}{\Delta U_i} = \frac{-\beta R_C}{R_B + r_{be} + (1+\beta)\left(\frac{1}{2}R_P + 2R_E\right)} \approx -\frac{R_C}{2R_E}$$

若为双端输出,在理想情况下

$$A_C = \frac{\Delta U_o}{\Delta U_i} = 0$$

实际上由于元件不可能完全对称,因此,A_C 也不会绝对等于零。

3. 共模抑制比 CMRR

为了表征差动放大器对有用信号(差模信号)的放大作用和对共模信号的抑制能力,通常用一个综合指标来衡量,即共模抑制比

$$CMRR = \left|\frac{A_d}{A_c}\right| \quad 或 \quad CMRR = 20\lg\left|\frac{A_d}{A_c}\right| \text{ (db)}$$

差动放大器的输入信号可采用直流信号也可采用交流信号。本实验由函数信号发生器提供频率 $f = 1$ kHz 的正弦信号作为输入信号。

四、实验内容

1. 典型差动放大器性能测试

按图 1.8.1 连接实验电路,将开关 K 拨向左边构成典型差动放大器。

(1) 测量静态工作点。

① 调节放大器零点。

信号源不接入。将放大器输入端 A、B 与地短接,接通 ±12 V 直流电源,用直流电压表测量输出电压 U_o,调节调零电位器 R_P,使 $U_o = 0$。调节要仔细,力求准确。

② 测量静态工作点。

零点调好以后,用直流电压表测量 T_1、T_2 管各电极电位及射极电阻 R_E 两端电压 U_{RE},记入表 1.8.1。

表 1.8.1 静态参数

	U_{C1}(V)	U_{B1}(V)	U_{E1}(V)	U_{C2}(V)	U_{B2}(V)	U_{E2}(V)	U_{RE}(V)
测量值							
计算值	I_C(mA)			I_B(mA)			U_{CE}(V)

(2) 测量差模电压放大倍数。

断开直流电源,将函数信号发生器的输出端接放大器输入 A 端,地端接放大器输入 B 端构成单端输入方式,调节输入信号为频率 $f = 1$ kHz 的正弦信号,并将输出旋钮旋至零,用示波器监视输出端(集电极 C1 或 C2 与地之间)。

接通 ±12 V 直流电源,逐渐增大输入电压 U_i(约 100 mV),在输出波形无失真的情况下,用交流毫伏表测 U_i、U_{C1}、U_{C2},记入表 1.8.2 中,并观察 u_i、u_{C1}、u_{C2} 之间的相位关系及 U_{RE} 随 U_i 改变而变化的情况。

(3) 测量共模电压放大倍数。

将放大器 A、B 短接,信号源接 A 端与地之间,构成共模输入方式,调节输入信号 $f = 1$ kHz,$U_i = 1$ V,在输出电压无失真的情况下,测量 U_{C1},U_{C2} 之值记入表 1.8.2,并观察 u_i、u_{C1}、u_{C2} 之间的相位关系及 U_{RE} 随 U_i 改变而变化的情况。

表 1.8.2　动　态　参　数

	典型差动放大电路		具有恒流源差动放大电路	
	单端输入	共模输入	单端输入	共模输入
U_i	100 mV	1 V	100 mV	1 V
U_{C1}(V)				
U_{C2}(V)				
$A_{d1} = U_{C1}/U_i$		—		—
$A_d = U_o/U_i$		—		—
$A_{c1} = U_{C1}/U_i$	—		—	
$A_c = U_o/U_i$	—		—	
$CMRR = |A_{d1}/A_{C1}|$				

2. 具有恒流源的差动放大电路性能测试

将图 1.8.1 电路中开关 K 拨向右边,构成具有恒流源的差动放大电路。重复实验内容(2)、(3)的要求,记入表 1.8.2。

五、实验报告要求

(1) 整理实验数据,列表比较实验结果和理论估算值,分析误差原因。
① 静态工作点和差模电压放大倍数。
② 典型差动放大电路单端输出时的 CMRR 实测值与理论值比较。
③ 典型差动放大电路单端输出时 CMRR 的实测值与具有恒流源的差动放大器 CMR 实测值比较。
(2) 比较 u_i、u_{C1} 和 u_{C2} 之间的相位关系。
(3) 根据实验中观察到的现象,分析差动放大器对零点漂移的抑制能力。
(4) 根据实验结果,总结电阻 R_E 和恒流源的作用。

六、实验思考题

(1) 测量静态工作点时,放大器输入端 A、B 与地应如何连接?
(2) 实验中怎样获得双端和单端输入差模信号?怎样获得共模信号?
(3) 怎样用交流毫伏表测双端输出电压 U_o?

实验九　集成运算放大器的参数测试

一、实验目的

(1) 掌握运算放大器主要指标的测试方法。

(2) 通过对运算放大器 μA741 指标的测试，了解集成运算放大器组件的主要参数的定义和表示方法。

二、实验仪器与设备

序号	名称	数量	备注	序号	名称	数量	备注
1	模拟电路实验装置	1		4	交流毫伏表	1	
2	示波器	1		5	万用表	1	
3	函数信号发生器	1					

三、实验原理与参考电路

集成运算放大器是一种线性集成电路，和其他半导体器件一样，它是用一些性能指标来衡量其质量的优劣。为了正确使用集成运放，就必须了解它的主要参数指标。

本实验采用双列直插式的 μA741 集成运算放大器，其内部电路原理图如图 1.9.1 所示。

1. μA741 主要指标测试

集成运算放大器 μA741 管脚见图 1.9.2，它是八脚双列直插式组件，②脚和③脚为反相和同相输入端，⑥脚为输出端，⑦脚和④脚为正、负电源端，①脚和⑤脚为失调调零端，①脚和⑤脚之间可接入一只几十兆欧的电位器并将滑动触头接到负电源端，⑧脚为空脚。

(1) 输入失调电压 U_{oS}。

理想运放组件，当输入信号为零时，其输出也为零。但即使是最优质的集成组件，由于运放内部差动输入级参数的不完全对称，输出电压往往不为零。这种零输入时输出不为零的现象称为集成运放的失调。

输入失调电压 U_{oS} 是指输入信号为零时，输出端出现的电压折算到同相输入端的数值。

失调电压测试电路如图 1.9.3 所示。闭合开关 K_1 及 K_2，使电阻 R_B 短接，测

第一部分 模拟电路实验 43

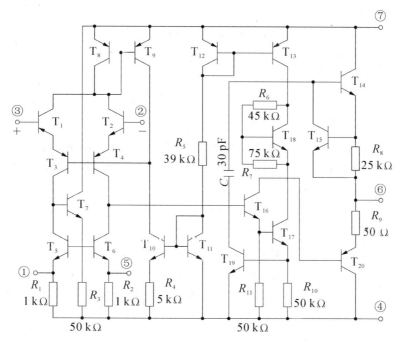

图 1.9.1 μA741 集成运算放大器

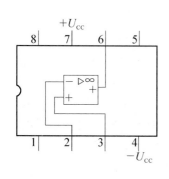

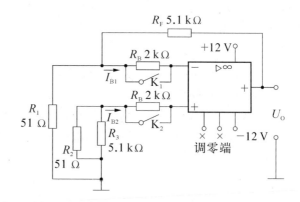

图 1.9.2 μA741 管脚图　　　　图 1.9.3 U_{oS}、I_{oS} 测试电路

量此时的输出电压 U_{o1} 即为输出失调电压,则输入失调电压

$$U_{oS} = \frac{R_1}{R_1 + R_F} U_{o1}$$

实际测出的 U_{o1} 可能为正,也可能为负,一般在 1~5 mV 之间,对于高质量的运放 U_{oS} 应在 1 mV 以下。

测试中应注意:

① 将运放调零端开路。

② 要求电阻 R_1 和 R_2，R_3 和 R_F 的参数严格对称。

(2) 输入失调电流 I_{oS}。

输入失调电流 I_{oS} 是指当输入信号为零时，运放的两个输入端的基极偏置电流之差，

$$I_{oS} = |I_{B1} - I_{B2}|$$

输入失调电流的大小反映了运放内部差动输入级两个晶体管 β 的失配度，由于 I_{B1}、I_{B2} 本身的数值已很小(微安级)，因此，它们的差值通常不是直接测量的，测试电路如 1.9.3 所示，测试分两步进行：

① 闭合开关 K_1 及 K_2，在低输入电阻下，测出输出电压 U_{o1}，如前所述，这是由输入失调电压 U_{oS} 所引起的输出电压。

② 断开 K_1 及 K_2，两个输入电阻 R_B 接入，由于 R_B 阻值较大，流经它们的输入电流的差异，将变成输入电压的差异，因此，也会影响输出电压的大小，可见测出两个电阻 R_B 接入时的输出电压 U_{o2}，若从中扣除输入失调电压 U_{oS} 的影响，则输入失调电流 I_{oS} 为

$$I_{oS} = |I_{B1} - I_{B2}| = |U_{o2} - U_{o1}| \frac{R_1}{R_1 + R_F} \frac{1}{R_B}$$

一般，I_{oS} 为几十至几百 $nA(10^{-9} A)$，高质量运放 I_{oS} 低于 1 nA。

测试中应注意：

a. 将运放调零端开路。

b. 两输入端电阻 R_B 必须精确配对。

(3) 开环差模放大倍数 A_{ud}。

集成运放在没有外部反馈时的直流差模放大倍数称为开环差模电压放大倍数，用 A_{ud} 表示。它定义为开环输出电压 U_o 与两个差分输入端之间所加信号电压 U_{id} 之比

$$A_{ud} = \frac{U_o}{U_{id}}$$

按定义 A_{ud} 应是信号频率为零时的直流放大倍数，但为了测试方便，通常采用低频(几十赫兹以下)正弦交流信号进行测量。由于集成运放的开环电压放大倍数很高，难以直接进行测量，故一般采用闭环测量方法。A_{ud} 的测试方法很多，现采用交、直流同时闭环的测试方法，如图 1.9.4 所示。

被测运放一方面通过 R_F、R_1、R_2 完成直流闭环，以抑制输出电压漂移，另一方面通过 R_F 和 R_S 实现交流闭环，外加信号 u_S 经 R_1、R_2 分压，使 u_{id} 足够小，以保证运放工作在线性区，同相输入端电阻 R_3 应与反相输入端电阻 R_2 相匹配，以减小输

第一部分　模拟电路实验

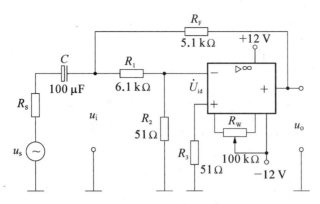

图 1.9.4　A_{ud} 测试电路

入偏置电流的影响,电容 C 为隔直电容。被测运放的开环电压放大倍数为

$$A_{ud} = \frac{U_o}{U_{id}} = \left(1 + \frac{R_1}{R_2}\right)\frac{U_o}{U_i}$$

通常低增益运放 A_{ud} 约为 60~70 db,中增益运放约为 80 db,高增益在 100 db 以上,可达 120~140 db。

测试中应注意:

① 测试前电路应首先消振及调零。

② 被测运放要工作在线性区。

③ 输入信号频率应较低,一般用 50~100 Hz,输出信号幅度应较小,且无明显失真。

(4) 共模抑制比 CMRR。

集成运放的差模电压放大倍数 A_d 与共模电压放大倍数 A_C 之比称为共模抑制比。

$$\text{CMRR} = \left|\frac{A_d}{A_C}\right| \quad 或 \quad \text{CMRR} = 20\lg\left|\frac{A_d}{A_C}\right| \text{(db)}$$

共模抑制比在应用中是一个很重要的参数,理想运放对输入的共模信号其输出为零,但在实际的集成运放中,其输出不可能没有共模信号的成分,输出端共模信号愈小,说明电路对称性愈好,也就是说运放对共模干扰信号的抑制能力愈强,即 CMRR 愈大。CMRR 的测试电路如图 1.9.5 所示。

集成运放工作在闭环状态下的差模电压放大倍数为

$$A_d = -\frac{R_F}{R_1}$$

当接入共模输入信号 U_{ic} 时,测得 U_{oc},则共模电压放大倍数为

$$A_C = \frac{U_{oc}}{U_{ic}}$$

得共模抑制比

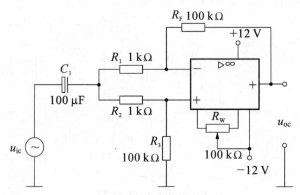

图 1.9.5 CMRR 测试电路

$$CMRR = \left|\frac{A_d}{A_C}\right| = \frac{R_F}{R_1}\frac{U_{ic}}{U_{oc}}$$

测试中应注意：
① 消振与调零。
② R_1 与 R_2、R_3 与 R_F 之间阻值严格对称。
③ 输入信号 U_{ic} 幅度必须小于集成运放的最大共模输入电压范围 U_{icm}。

(5) 共模输入电压范围 U_{icm}。

集成运放所能承受的最大共模电压称为共模输入电压范围，超出这个范围，运放的 CMRR 会大大下降，输出波形产生失真，有些运放还会出现"自锁"现象以及永久性的损坏。

U_{icm} 的测试电路如图 1.9.6 所示。

被测运放接成电压跟随器形式，输出端接示波器，观察最大不失真输出波形，从而确定 U_{icm} 值。

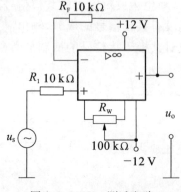

图 1.9.6 U_{icm} 测试电路

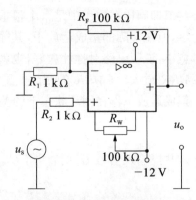

图 1.9.7 $U_{oP\text{-}P}$ 测试电路

(6) 输出电压最大动态范围 U_{oP-P}。

集成运放的动态范围与电源电压、外接负载及信号源频率有关。测试电路如图 1.9.7 所示。

改变 u_S 幅度，观察 u_o 削顶失真开始时刻，从而确定 u_o 的不失真范围，这就是运放在某一定电源电压下可能输出的电压峰峰值 U_{oP-P}。

2. 集成运放在使用时应考虑的一些问题

(1) 输入信号选用交、直流量均可，但在选取信号的频率和幅度时，应考虑运放的频响特性和输出幅度的限制。

(2) 调零。

为提高运算精度，在运算前，应首先对直流输出电位进行调零，即保证输入为零时，输出也为零。当运放有外接调零端子时，可按组件要求接入调零电位器 R_W，调零时，将输入端接地，调零端接入电位器 R_W，用直流电压表测量输出电压 U_o，细心调节 R_W，使 U_o 为零（即失调电压为零）。如运放没有调零端子，若要调零，可按图 1.9.8 所示电路进行调零。

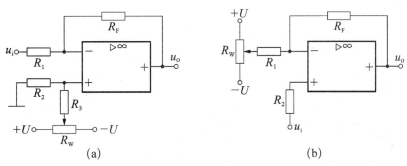

图 1.9.8 调零电路

一个运放如不能调零，大致有如下原因：

① 组件正常，接线有错误。

② 组件正常，但负反馈不够强（R_F/R_1 太大），为此可将 R_F 短路，观察是否能调零。

③ 组件正常，但由于它所允许的共模输入电压太低，可能出现自锁现象，因而不能调零。为此可将电源断开后，再重新接通，如能恢复正常，则属于这种情况。

④ 组件正常，但电路有自激现象，应进行消振。

⑤ 组件内部损坏，应更换好的集成块。

(3) 消振。

一个集成运放自激时，表现为即使输入信号为零，亦会有输出，使各种运算功能无法实现，严重时还会损坏器件。在实验中，可用示波器监视输出波形。为消除

运放的自激,常采用如下措施:

① 若运放有相位补偿端子,可利用外接 RC 补偿电路,《产品手册》中有提供补偿电路及元件参数。

② 电路布线,元、器件布局应尽量减少分布电容。

③ 在正、负电源进线与地之间接上几十 μF 的电解电容和 $0.01\sim0.1\ \mu F$ 的陶瓷电容相并联,以减小电源引线的影响。

四、实验内容

实验前看清运放管脚排列及电源电压极性及数值,切忌正、负电源接反。

1. 测量输入失调电压 U_{oS}

按图 1.9.3 连接实验电路,闭合开关 K_1、K_2,用直流电压表测量输出端电压 U_{o1},并计算 U_{oS}。记入表 1.9.1。

2. 测量输入失调电流 I_{oS}

实验电路如图 1.9.3,打开开关 K_1、K_2,用直流电压表测量 U_{o2},并计算 I_{oS}。记入表 1.9.1。

表 1.9.1 运算放大器主要指标的测试数据

U_{oS}(mV)		I_{oS}(nA)		A_{ud}(db)		$CMRR$(db)	
实测值	典型值	实测值	典型值	实测值	典型值	实测值	典型值
	2~10		50~100		100~106		80~86

3. 测量开环差模电压放大倍数 A_{ud}

按图 1.9.4 连接实验电路,运放输入端加频率 100 Hz,大小约 30~50 mV 正弦信号,用示波器监视输出波形。用交流毫伏表测量 U_o 和 U_i,并计算 A_{ud}。记入表 1.9.1。

4. 测量共模抑制比 $CMRR$

按图 1.9.5 连接实验电路,运放输入端加 $f = 100\ Hz$,$U_{iC} = 1\sim2\ V$ 正弦信号,监视输出波形。测量 U_{oC} 和 U_{iC},计算 A_C 及 $CMRR$。记入表 1.9.1。

5. 测量共模输入电压范围 U_{Icm} 及输出电压最大动态范围 U_{oP-P}

自拟实验步骤及方法。

五、实验报告要求

(1) 整理实验数据。

(2) 将理论计算结果和实测数据相比较,分析产生误差的原因。

(3) 分析讨论实验中出现的现象和问题。

六、实验思考题

(1) 测量输入失调参数时，为什么运放反相及同相输入端的电阻要精选，以保证严格对称？

(2) 测量输入失调参数时，为什么要将运放调零端开路？而在进行其他测试时，则要求对输出电压进行调零。

(3) 测试信号的频率选取的原则是什么？

实验十　基本运算电路

一、实验目的

（1）研究由集成运算放大器组成的比例、加法、减法和积分等基本运算电路的功能。

（2）了解运算放大器在实际应用时应考虑的一些问题。

二、实验仪器与设备

序号	名称	数量	备注	序号	名称	数量	备注
1	模拟电路实验装置	1		4	交流毫伏表	1	
2	示波器	1		5	万用表	1	
3	函数信号发生器	1					

三、实验原理与参考电路

集成运算放大器是一种具有高电压放大倍数的直接耦合多级放大电路。当外部接入不同的线性或非线性元器件组成输入和负反馈电路时，可以灵活地实现各种特定的函数关系。在线性应用方面，可组成比例、加法、减法、积分、微分、对数等模拟运算电路。

理想运算放大器特性：

在大多数情况下，将运放视为理想运放，就是将运放的各项技术指标理想化，满足下列条件的运算放大器称为理想运放。

开环电压增益：$A_{ud} = \infty$

输入阻抗：$r_i = \infty$

输出阻抗：$r_o = 0$

带宽：$f_{BW} = \infty$

失调与漂移均为零等。

理想运放在线性应用时的两个重要特性：

（1）输出电压 U_o 与输入电压之间满足关系式

$$U_o = A_{ud}(U_+ - U_-)$$

由于 $A_{ud} = \infty$，而 U_o 为有限值，因此，$U_+ - U_- \approx 0$。即 $U_+ \approx U_-$，称为"虚短"。

(2) 由于 $r_i = \infty$,故流进运放两个输入端的电流可视为零,即 $I_{IB} = 0$,称为"虚断"。这说明运放对其前级吸取电流极小。

上述两个特性是分析理想运放应用电路的基本原则,可简化运放电路的计算。

1. 基本运算电路

(1) 反相比例运算电路。

电路如图 1.10.1 所示。对于理想运放,该电路的输出电压与输入电压之间的关系为

$$U_o = -\frac{R_F}{R_1} U_i$$

为了减小输入级偏置电流引起的运算误差,在同相输入端应接入平衡电阻 $R_2 = R_1 /\!/ R_F$。

(2) 反相加法运算电路。

电路如图 1.10.2 所示,输出电压与输入电压之间的关系为

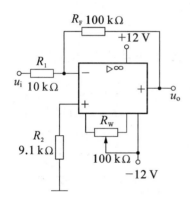
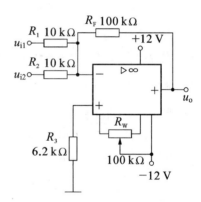

图 1.10.1　反相比例运算电路　　　　图 1.10.2　反相加法运算电路

$$U_o = -\left(\frac{R_F}{R_1} U_{i1} + \frac{R_F}{R_2} U_{i2}\right)$$

$$R_3 = R_1 /\!/ R_2 /\!/ R_F$$

(3) 同相比例运算电路。

图 1.10.3(a) 是同相比例运算电路,它的输出电压与输入电压之间的关系为

$$U_o = \left(1 + \frac{R_F}{R_1}\right) U_i$$

$$R_2 = R_1 /\!/ R_F$$

当 $R_1 \to \infty$ 时,$U_o = U_i$,即得到如图 1.10.3(b) 所示的电压跟随器。图中 $R_2 = R_F$,用以减小漂移和起保护作用。一般 R_F 取 10 kΩ,R_F 太小起不到保护作用,太大则影响跟随性。

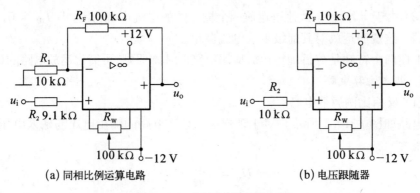

(a) 同相比例运算电路　　　　(b) 电压跟随器

图 1.10.3　同相比例运算电路

(4) 差动放大电路(减法器)。

对于图 1.10.4 所示的减法运算电路,当 $R_1 = R_2$,$R_3 = R_F$ 时,有如下关系式

$$U_o = \frac{R_F}{R_1}(U_{i2} - U_{i1})$$

(5) 积分运算电路。

反相积分电路如图 1.10.5 所示。在理想化条件下,输出电压 u_o 等于

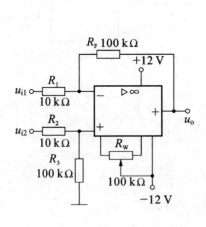
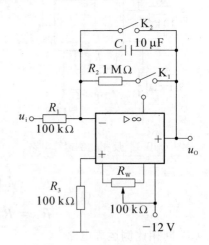

图 1.10.4　减法运算电路图　　　图 1.10.5　积分运算电路

$$u_o(t) = -\frac{1}{R_1 C}\int_0^t u_i \mathrm{d}t + u_C(0)$$

式中,$u_C(0)$ 是 $t = 0$ 时电容 C 两端的电压值,即初始值。

如果 $u_i(t)$ 是幅值为 E 的阶跃电压,并设 $u_C(0) = 0$,则

$$u_o(t) = -\frac{1}{R_1 C}\int_0^t E\mathrm{d}t = -\frac{E}{R_1 C}t$$

即输出电压 $u_o(t)$ 随时间增长而线性下降。显然 RC 的数值越大,达到给定的 U_o 值所需的时间就越长。积分输出电压所能达到的最大值,受集成运放最大输出范围的限值约束。

在进行积分运算之前,首先应对运放调零。为了便于调节,将图中 K_1 闭合,即通过电阻 R_2 的负反馈作用帮助实现调零。但在完成调零后,应将 K_1 打开,以免因 R_2 的接入造成积分误差。K_2 的设置一方面为积分电容放电提供通路,同时可实现积分电容初始电压 $u_C(0)=0$;另一方面,可控制积分起始点,即在加入信号 u_i 后,只要 K_2 一打开,电容就将被恒流充电,电路也就开始进行积分运算。

四、实验内容

实验前要看清运放组件各管脚的位置,切忌正、负电源极性接反和输出端短路,否则将会损坏集成块。

1. 反相比例运算电路

(1) 按图 1.10.1 连接实验电路,接通 ±12 V 电源,输入端对地短路,进行调零和消振。

(2) 输入 $f=100\,\text{Hz}$,$U_i=0.5\,\text{V}$ 的正弦交流信号,测量相应的 U_o,并用示波器观察 u_o 和 u_i 的相位关系,记入表 1.10.1。

表 1.10.1　反向比例运算　($U_i=0.5\,\text{V}$, $f=100\,\text{Hz}$)

$U_i(\text{V})$	$U_o(\text{V})$	u_i 波形	u_o 波形	A_v	
				实测值	计算值

2. 同相比例运算电路

(1) 按图 1.10.3(a) 连接实验电路。实验步骤同内容 1,将结果记入表 1.10.2。

(2) 将图 1.10.3(a) 中的 R_1 断开,得图 1.10.3(b) 电路重复内容(1)。

表 1.10.2　同相比例运算　($U_i=0.5\,\text{V}$, $f=100\,\text{Hz}$)

$U_i(\text{V})$	$U_o(\text{V})$	u_i 波形	u_o 波形	A_v	
				实测值	计算值

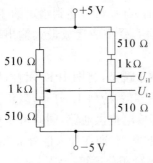

图 1.10.6 简易可调直流信号源

3．反相加法运算电路

(1) 按图 1.10.2 连接实验电路。调零和消振。

(2) 输入信号采用直流信号，图 1.10.6 所示电路为简易直流信号源，由实验者自行完成。实验时要注意选择合适的直流信号幅度，以确保集成运放工作在线性区。用直流电压表测量输入电压 U_{i1}、U_{i2} 及输出电压 U_o，记入表 1.10.3。

表 1.10.3　反向加法运算

U_{i1}(V)				
U_{i2}(V)				
U_o(V)				

4．减法运算电路

(1) 按图 1.10.4 连接实验电路。调零和消振。

(2) 采用直流输入信号，实验步骤同内容3，记入表 1.10.4。

表 1.10.4　减 法 运 算

U_{i1}(V)				
U_{i2}(V)				
U_o(V)				

5．积分运算电路

实验电路如图 1.10.5 所示。

(1) 打开 K_2，闭合 K_1，对运放输出进行调零。

(2) 调零完成后，再打开 K_1，闭合 K_2，使 $u_C(0) = 0$。

(3) 预先调好直流输入电压 $U_i = 0.5$ V，接入实验电路，再打开 K_2，然后用直流电压表测量输出电压 U_o，每隔 5 s 读一次 U_o，记入表 1.10.5，直到 U_o 不再继续明显增大为止。

表 1.10.5　积 分 运 算

t(s)	0	5	10	15	20	25	30	…
U_o(V)								

五、实验报告要求

(1) 整理实验数据,画出波形图(注意波形间的相位关系)。

(2) 将理论计算结果和实测数据相比较,分析产生误差的原因。

(3) 分析讨论实验中出现的现象和问题。

六、实验思考题

(1) 在反相加法器中,如 U_{i1} 和 U_{i2} 均采用直流信号,并选定 $U_{i2}=-1\,\text{V}$,当考虑到运算放大器的最大输出幅度($\pm12\,\text{V}$)时,$|U_{i1}|$ 的大小不应超过多少伏?

(2) 在积分电路中,如 $R_1=100\,\text{k}\Omega$、$C=4.7\,\mu\text{F}$,求时间常数。假设 $U_i=0.5\,\text{V}$,问要使输出电压 U_o 达到 $5\,\text{V}$,需多长时间[设 $u_c(0)=0$]?

实验十一　有源滤波电路

一、实验目的

(1) 熟悉由运算放大器构成的有源滤波器。
(2) 掌握有源滤波器的调试方法。
(3) 学会测量有源滤波器的幅频特性。

二、实验仪器与设备

序号	名称	数量	备注	序号	名称	数量	备注
1	模拟电路实验装置	1		3	函数信号发生器	1	
2	示波器	1		4	万用表	1	

三、实验原理与参考电路

由 RC 组件与运算放大器组成的滤波器称为 RC 有源滤波器,其功能是让一定频率范围内的信号通过、抑制或急剧衰减此频率范围以外的信号。可用在信息处理、数据传输、抑制干扰等方面。

由于受运算放大器频带限制,这类滤波器主要用于低频范围。根据对频率范围的选择不同,有源滤波器可分为低通(LPF)、高通(HPF)、带通(BPF)与带阻(BEF)等四种滤波器。

具有理想幅频特性的滤波器是很难实现的,只能用实际的幅频特性去逼近理想的。一般来说,滤波器的幅频特性越好,其相频特性越差,反之亦然。滤波器的阶数越高,幅频特性衰减的速率越快,但 RC 网络的节数越多,组件参数计算越繁琐,电路调试越困难。任何高阶滤波器均可以用较低的二阶 RC 有源滤波器级联实现。目前有源滤波器的最高工作频率只能达到 1 MHz 左右。

1. 二阶有源低通滤波器

二阶有源低通滤波器的典型电路如图 1.11.1(a)所示。
其幅频响应表达式为

$$\left|\frac{A(j\omega)}{A_{vf}}\right| = \frac{1}{\sqrt{\left[1-\left(\frac{\omega}{\omega_n}\right)^2\right]^2 + \frac{\omega^2}{\omega_n^2 Q^2}}}$$

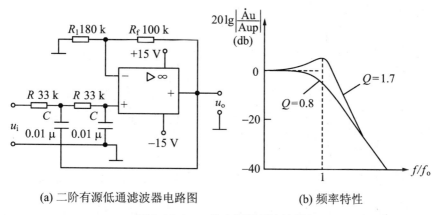

图1.11.1 二阶有源低通滤波器

式中

$$A_{vf} = 1 + \frac{R_f}{R_1}$$

$$\omega_n = \frac{1}{RC}$$

$$Q = \frac{1}{3 - A_{vf}}$$

上式中的特征角频率 $\omega_n = \frac{1}{RC}$ 就是3分贝截止角频率。因此,上限截止频率为

$$f_H = \frac{1}{2\pi RC}$$

当 $Q = 0.707$ 时,这种低通滤波器亦称为巴特沃兹滤波器,图1.11.1(b)为二阶低通滤波器幅频特性曲线。

2. 二阶有源高通滤波器

如将图1.11.1(a)中的 R 和 C 的位置对换,即可得二阶有源高通滤波器电路,如图1.11.2(a)所示。

令 $\omega_n = \frac{1}{RC}$,$Q = \frac{1}{3 - A_{vf}}$ 和 $A_{vf} = 1 + \frac{R_f}{R_1}$,则可得其幅频响应表达式

$$\left| \frac{A(j\omega)}{A_{vf}} \right| = \frac{1}{\sqrt{\left[\left(\frac{\omega_n}{\omega} \right)^2 - 1 \right]^2 + \left(\frac{\omega_n}{\omega Q} \right)^2}}$$

其下限截止频率为

$$f_L = \frac{1}{2\pi RC}$$

图 1.11.2(b)为二阶高通滤波器幅频特性曲线。

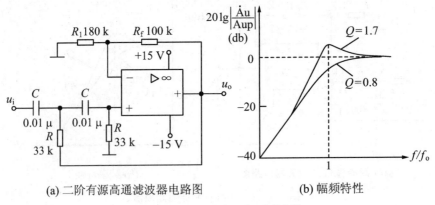

(a) 二阶有源高通滤波器电路图 (b) 幅频特性

图 1.11.2 二阶有源高通滤波器

四、实验内容

1. 测试二阶低通滤波器的幅频响应

按图 1.11.1(a)连接电路,将测试结果填入表 1.11.1 中。

表 1.11.1 $U_i=0.1$ V(有效值)的正弦信号

信号频率 f(Hz)	50	100	200	300	400	480	550	600	700	1 k	5 k
U_o(V)											
$20\lg\|U_o/U_i\|$ (db)											

2. 测试二阶高通滤波器的幅频响应

按图 1.11.2(a)连接电路,将测试结果填入表 1.11.2 中。

表 1.11.2 $U_i=0.1$ V(有效值)的正弦信号

信号频率 f(Hz)	50	100	200	300	400	480	550	600	700	1 k	5 k	10 k
U_o(V)												
$20\lg\|U_o/U_i\|$ (db)												

将图 1.11.2 中的电容 C 改为 $0.033\ \mu F$,同时将图 1.11.1 的输出与图 1.11.2 的输入端相连,测试它们串接起来的幅频响应。测试结果记入表 1.11.3 中。

表 1.11.3 $U_i = 0.1\ V$(有效值)的正弦信号

信号频率 f(Hz)	50	100	200	300	480	550	700	800	1 k	2 k
U_o(V)										
$20\lg\|U_o/U_i\|$ (db)										

五、实验报告要求

(1) 整理实验数据。

(2) 用表列出实验结果。以频率的对数为横坐标,电压增益的分贝数为纵坐标,在同一坐标上分别绘出二种(低通、高通)滤波器的幅频特性。说明二阶低通滤波器和高通滤波器的幅频特性具有对偶关系。

(3) 画出实验内容 3 的幅频特性,说明它是什么滤波器特性。

(4) 简要说明测试结果与理论值有一定差异的主要原因。

六、实验思考题

(1) 若将图 1.11.1 所示二阶低通滤波器的 R 和 C 互换位置后,组成图 1.11.2 的示二阶高通滤波器,且 R 和 C 的值不变,试问高通滤波器的截止频率 f_L 等于低通滤波器的截止频率 f_H 吗?

(2) 高通滤波器的幅频特性,为什么在频率很高时,其电压增益会随频率升高而下降。

实验十二　集成运放构成波形产生电路的研究

一、实验目的

（1）学习应用集成运放设计波形产生电路的原理。
（2）熟悉集成运放波形产生电路的基本结构及其性能的测试方法。
（3）掌握用集成运放构成方波、三角波、正弦波发生器的工作原理和性能指标。

二、实验仪器与设备

序号	名称	数量	备注	序号	名称	数量	备注
1	模拟电路实验装置	1		4	交流毫伏表	1	
2	示波器	1		5	万用表	1	
3	函数信号发生器	1					

三、实验原理与参考电路

由集成运放构成的正弦波、方波和三角波发生器有多种形式，本实验选用最常用的、线路比较简单的几种电路加以分析。

1. 三角波和方波发生器

如把滞回比较器和积分器首尾相接形成正反馈闭环系统，如图 1.12.1 所示，则比较器 A_1 输出的方波经积分器 A_2 积分可得到三角波，三角波又触发比较器自

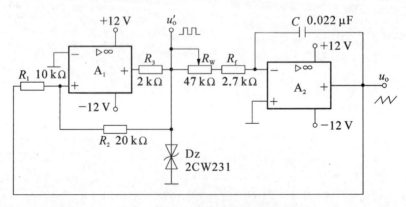

图 1.12.1　三角波、方波发生器

动翻转形成方波,这样即可构成三角波、方波发生器。图1.12.2为方波、三角波发生器输出波形图。由于采用运放组成的积分电路,因此,可实现恒流充电,使三角波线性大大改善。

电路振荡频率:

$$f_o = \frac{R_2}{4R_1(R_f + R_W)C_f}$$

方波幅值:

$$U'_{om} = \pm U_z$$

三角波幅值:

$$U_{om} = \frac{R_1}{R_2}U_z$$

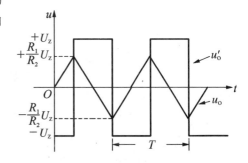

图1.12.2 方波、三角波发生器输出波形图

调节 R_W 可以改变振荡频率,改变比值 $\frac{R_1}{R_2}$ 可调节三角波的幅值。

2. RC桥式正弦波振荡器(文氏电桥振荡器)

图1.12.3为RC桥式正弦波振荡器。其中RC串、并联电路构成正反馈支路,同时兼作选频网络,R_1、R_2、R_W及二极管等元件构成负反馈和稳幅环节。调节电位器 R_W,可以改变负反馈深度,以满足振荡的振幅条件和改善波形。利用两个反向并联二极管 D_1、D_2 正向电阻的非线性特性来实现稳幅。D_1、D_2 采用硅管(温度稳定性好),且要求特性匹配,才能保证输出波形正、负半周对称。R_3 的接入是为了削弱二极管非线性的影响,以改善波形失真。

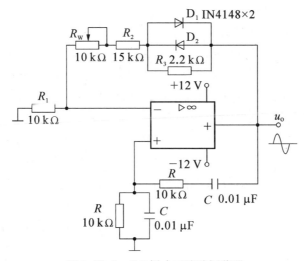

图1.12.3 RC桥式正弦波振荡器

电路的振荡频率：

$$f_o = \frac{1}{2\pi RC}$$

起振的幅值条件：

$$\frac{R_f}{R_1} \geqslant 2$$

式中，$R_f = R_W + R_2 + (R_3 /\!/ r_D)$，$r_D$——二极管正向导通电阻。

调整反馈电阻 R_f（调 R_W），使电路起振，且波形失真最小。如不能起振，则说明负反馈太强，应适当加大 R_f。如波形失真严重，则应适当减小 R_f。

改变选频网络的参数 C 或 R，即可调节振荡频率。一般采用改变电容 C 作频率量程切换，而调节 R 作量程内的频率细调。

四、实验内容

1. 方波—三角波发生器的装调

按图 1.11.3 连接实验电路。

由于比较器 A_1 与积分器 A_2 组成正反馈闭环电路，同时输出方波与三角波，故这两个单元电路可以同时安装。如果电路接线正确，则在接通电源后，A_1 的输出 u'_o 为方波，A_2 的输出 u_o 为三角波。

(1) 将电位器 R_W 调至合适位置，用双踪示波器观察并描绘三角波输出 u_o 及方波输出 u'_o，测其幅值、频率及 R_W 值，记录之。

(2) 改变 R_W 的位置，观察对 u_o、u'_o 幅值及频率的影响。

(3) 改变 R_1（或 R_2），观察对 u_o、u'_o 幅值及频率的影响。

2. RC 桥式正弦波振荡器

按图 1.11.1 连接实验电路。

(1) 接通 ±12 V 电源，调节电位器 R_W，使输出波形从无到有，从正弦波到出现失真。描绘 u_o 的波形，记下临界起振、正弦波输出及失真情况下的 R_W 值，分析负反馈强弱对起振条件及输出波形的影响。

(2) 调节电位器 R_W，使输出电压 u_o 幅值最大且不失真，用交流毫伏表分别测量输出电压 U_o、反馈电压 U_+ 和 U_-，分析研究振荡的幅值条件。

(3) 用示波器或频率计测量振荡频率 f_o，然后在选频网络的两个电阻 R 上并联同一阻值电阻，观察记录振荡频率的变化情况，并与理论值进行比较。

(4) 断开二极管 D_1、D_2，重复(2)的内容，将测试结果与(2)进行比较，分析 D_1、D_2 的稳幅作用。

*(5) RC 串并联网络幅频特性观察。

将 RC 串并联网络与运放断开,由函数信号发生器注入 3 V 左右正弦信号,并用双踪示波器同时观察 RC 串并联网络输入、输出波形。保持输入幅值(3 V)不变,从低到高改变频率,当信号源达到某一频率时,RC 串并联网络输出将达最大值(约 1 V),且输入、输出同相位。此时的信号源频率:

$$f = f_0 = \frac{1}{2\pi RC}$$

五、实验报告要求

1. 设计的任务与要求
(1) 设计题目。
(2) 任务与要求。

2. 电路设计与分析
针对设计任务及指标提出两种设计方案,各单元电路的选型、工作原理、指标考虑、计算元件参数、给出器件型号。

3. 电路的调整与测试
安装调试中的技术问题、记录现象、波形分析、出现的问题和解决方法。

4. 撰写个人心得体会
对设计实验的内容、方法、手段、效果进行全面评价,并提出改进的意见和建议。

六、实验思考题

(1) 三角波的线性度、对称度与电路哪些因素有关?
(2) 如何提高正弦波振荡器的振幅稳定度和振荡频率稳定度?
(3) 三角波的输出幅度是否可以超过方波的幅度? 如果正负电源电压不等,输出波形如何?

实验十三 RC 正弦波振荡器

一、实验目的

(1) 进一步学习 RC 正弦波振荡器的组成及其振荡条件。
(2) 学会测量、调试振荡器。

二、实验仪器与设备

序号	名　称	数量	备注	序号	名　称	数量	备注
1	模拟电路实验装置	1		4	交流毫伏表	1	
2	示波器	1		5	万用表	1	
3	函数信号发生器	1					

三、实验原理与参考电路

从结构上看,正弦波振荡器是没有输入信号的、带选频网络的正反馈放大器。若用 R、C 元件组成选频网络,就称为 RC 振荡器,一般用来产生 1 Hz～1 MHz 的低频信号。

1. RC 移相振荡器

电路型式如图 1.13.1 所示,选择 $R \gg R_i$。

振荡频率:
$$f_o = \frac{1}{2\pi\sqrt{6}RC}$$

起振条件:放大器 A 的电压放大倍数 $|\dot{A}| > 29$。

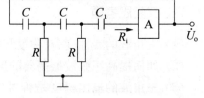

图 1.13.1 RC 移相振荡器原理图

电路特点:简便,但选频作用差,振幅不稳,频率调节不便,一般用于频率固定且稳定性要求不高的场合。

频率范围:几赫～数十千赫。

2. RC 串并联网络(文氏桥)振荡器

电路型式如图 1.13.2 所示。

振荡频率:
$$f_o = \frac{1}{2\pi RC}$$

起振条件:

$|\dot{A}| > 3$

电路特点：可方便地连续改变振荡频率,便于加负反馈稳幅,容易得到良好的振荡波形。

3. 双 T 选频网络振荡器

电路型式如图 1.13.3 所示。

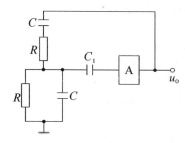
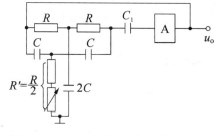

图 1.13.2　RC 串并联网络振荡器原理图　　　图 1.13.3　双 T 选频网络振荡器原理图

振荡频率：

$$f_o = \frac{1}{5RC}$$

起振条件：

$$R' < \frac{R}{2}, \quad |\dot{A}\dot{F}| > 1$$

电路特点：选频特性好,调频困难,适于产生单一频率的振荡。

注：本实验采用两级共射极分立元件放大器组成 RC 正弦波振荡器。

四、实验内容

1. RC 串并联选频网络振荡器

(1) 按图 1.13.4 所示线路组接线路。

(2) 断开 RC 串并联网络,测量放大器静态工作点及电压放大倍数。

(3) 接通 RC 串并联网络,并使电路起振,用示波器观测输出电压 u_o 波形,调节 R_f 使获得满意的正弦信号,记录波形及其参数。

(4) 测量振荡频率,并与计算值进行比较。

(5) 改变 R 或 C 值,观察振荡频率变化情况。

(6) RC 串并联网络幅频特性的观察。

将 RC 串并联网络与放大器断开,用函数信号发生器的正弦信号注入 RC 串并联网络,保持输入信号的幅度不变(约 3 V),频率由低到高变化,RC 串并联网络输出幅值将随之变化,当信号源达到某一频率时,RC 串并联网络的输出将达最大

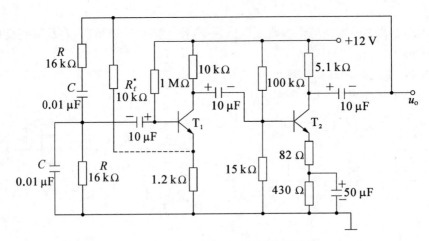

图 1.13.4 RC 串并联选频网络振荡器

值(约 1 V 左右)。且输入、输出同相位,此时,信号源频率为

$$f = f_o = \frac{1}{2\pi RC}$$

2. 双 T 选频网络振荡器

(1) 按图 1.13.5 所示线路组接线路。

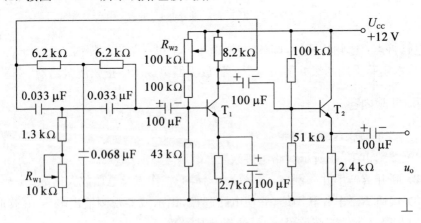

图 1.13.5 双 T 网络 RC 正弦波振荡器

(2) 断开双 T 网络,调试 T_1 管静态工作点,使 U_{C1} 为 6~7 V。
(3) 接入双 T 网络,用示波器观察输出波形。若不起振,调节 R_{W1},使电路起振。
(4) 测量电路振荡频率,并与计算值比较。

*3. RC 移相式振荡器的组装与调试

(1) 按图 1.13.6 组接线路。

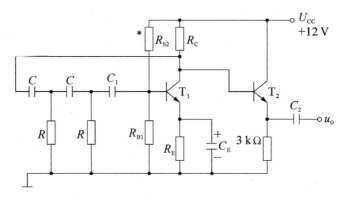

图 1.13.6　RC 移相式振荡器

(2) 断开 RC 移相电路,调整放大器的静态工作点,测量放大器电压放大倍数。

(3) 接通 RC 移相电路,调节 R_{B2} 使电路起振,并使输出波形幅度最大,用示波器观测输出电压 u_o 波形,同时用频率计和示波器测量振荡频率,并与理论值比较。

五、实验报告要求

(1) 反馈(调节 R_1)引起输出波形变化的原因。

(2) 按元件标称值计算 RC 桥式振荡器的振荡频率,并与实验值比较,分析误差的原因。

(3) 总结三类 RC 振荡器的特点。

六、实验思考题

(1) 用万用表测量正常振荡下各点的工作电压与静态时测得的电压是否相同?为什么?

(2) 欲提高 RC 桥式振荡器的幅度和振荡频率的稳定度,可采取哪些措施?

实验十四 LC 正弦波振荡器

一、实验目的

（1）掌握变压器反馈式 LC 正弦波振荡器的调整和测试方法。
（2）研究电路参数对 LC 振荡器起振条件及输出波形的影响。

二、实验仪器与设备

序号	名称	数量	备注	序号	名称	数量	备注
1	模拟电路实验装置	1		4	交流毫伏表	1	
2	示波器	1		5	万用表	1	
3	函数信号发生器	1					

三、实验原理与参考电路

LC 正弦波振荡器是用 L、C 元件组成选频网络的振荡器，一般用来产生 1 MHz 以上的高频正弦信号。根据 LC 调谐回路的不同连接方式，LC 正弦波振荡器又可分为变压器反馈式（或称互感耦合式）、电感三点式和电容三点式三种。图 1.14.1 为

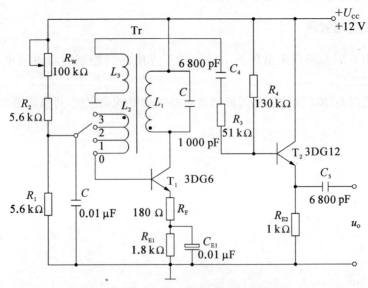

图 1.14.1 LC 正弦波振荡器实验电路

变压器反馈式 LC 正弦波振荡器的实验电路。其中晶体三极管 T_1 组成共射放大电路,变压器 T_r 的原绕组 L_1(振荡线圈)与电容 C 组成调谐回路,它既做为放大器的负载,又起选频作用,副绕组 L_2 为反馈线圈,L_3 为输出线圈。

该电路是靠变压器原、副绕组同名端的正确连接(如图 1.14.1 中所示),来满足自激振荡的相位条件,即满足正反馈条件。在实际调试中可以通过把振荡线圈 L_1 或反馈线圈 L_2 的首、末端对调,来改变反馈的极性。而振幅条件的满足,一是靠合理选择电路参数,使放大器建立合适的静态工作点,其次是改变线圈 L_2 的匝数,或它与 L_1 之间的耦合程度,以得到足够强的反馈量。稳幅作用是利用晶体管的非线性来实现的。由于 LC 并联谐振回路具有良好的选频作用,因此,输出电压波形一般失真不大。

振荡器的振荡频率由谐振回路的电感和电容决定。

$$f_o = \frac{1}{2\pi\sqrt{LC}}$$

式中,L 为并联谐振回路的等效电感(即考虑其他绕组的影响)。

振荡器的输出端增加一级射极跟随器,用以提高电路的带负载能力。

四、实验内容

按图 1.14.1 连接实验电路。电位器 R_W 置于最大位置,振荡电路的输出端接示波器。

1. 静态工作点的调整

(1) 接通 $U_{CC} = +12$ 电源,调节电位器 R_W,使输出端得到不失真的正弦波形,如不起振,可改变 L_2 的首末端位置,使之起振。测量两管的静态工作点及正弦波的有效值 U_o,记入表 1.14.1。

(2) 把 R_W 调小,观察输出波形的变化。测量有关数据,记入表 1.14.1。

(3) 调大 R_W,使振荡波形刚刚消失,测量有关数据,记入表 1.14.1。

表 1.14.1　LC 正弦波振荡器实验测量数据

		$U_B(V)$	$U_E(V)$	$U_C(V)$	$I_C(mA)$	$U_o(V)$	u_o 波形
R_W 居中	T_1						
	T_2						
R_W 小	T_1						
	T_2						
R_W 大	T_1						
	T_2						

根据以上三组数据,分析静态工作点对电路起振、输出波形幅度和失真的影响。

2. 观察反馈量大小对输出波形的影响

置反馈线圈 L_2 于位置"0"(无反馈)、"1"(反馈量不足)、"2"(反馈量合适)、"3"(反馈量过强)时测量相应的输出电压波形,记入表1.14.2。

表1.14.2　LC正弦波振荡器波形记录

L_2位置	"0"	"1"	"2"	"3"
u_o波形				

3. 验证相位条件

(1) 改变线圈 L_2 的首、末端位置,观察停振现象。
(2) 恢复 L_2 的正反馈接法,改变 L_1 的首末端位置,观察停振现象。

4. 测量振荡频率

调节 R_W 使电路正常起振,同时用示波器和频率计测量以下两种情况下的振荡频率 f_o,记入表1.14.3。

谐振回路电容:
(1) $C = 1\ 000$ pF。
(2) $C = 100$ pF。

表1.14.3　两种电容情况下的振荡频率

C(pF)	1 000	100
f(kHz)		

5. 观察谐振回路Q值对电路工作的影响

谐振回路两端并入 $R = 5.1$ kΩ 的电阻,观察 R 并入前后振荡波形的变化情况。

五、实验报告要求

(1) 整理实验数据,根据结果分析讨论:
① LC 正弦波振荡器的相位条件和幅值条件。
② 电路参数对 LC 振荡器起振条件及输出波形的影响。
(2) 讨论实验中发现的问题及解决办法。

六、实验思考题

（1）LC 振荡器是怎样进行稳幅的？在不影响起振的条件下，晶体管的集电极电流是大一些好，还是小一些好？

（2）为什么可以用测量振荡电路中晶体管的 U_{BE} 变化，来判断振荡器是否起振？

实验十五　OTL 功率放大器

一、实验目的

(1) 进一步理解 OTL 功率放大器的工作原理。
(2) 学会 OTL 电路的调试及主要性能指标的测试方法。
(3) 学习集成功率放大器基本技术指标的测试。
(4) 了解自举电路对改善互补功率放大器的性能所起的作用。

二、实验仪器与设备

序号	名称	数量	备注	序号	名称	数量	备注
1	模拟电路实验装置	1		4	交流毫伏表	1	
2	示波器	1		5	万用表	1	
3	函数信号发生器	1					

三、实验原理与参考电路

1. 分立元件组成的OTL功率放大器

图 1.15.1 所示为 OTL 低频功率放大器。其中由晶体三极管 T_1 组成推动级 (也称前置放大级),T_2、T_3 是一对参数对称的 **NPN** 和 **PNP** 型晶体三极管,它们组成互补推挽 OTL 功放电路。由于每一个管子都接成射极输出器形式,因此,具有输出电阻低、负载能力强等优点,适合于作功率输出级。T_1 管工作于甲类状态,它的集电极电流 I_{C1} 由电位器 R_{W1} 进行调节。I_{C1} 的一部分流经电位器 R_{W2} 及二极管 D,给 T_2、T_3 提供偏压。调节 R_{W2},可以使 T_2、T_3 得到合适的静态电流而工作于甲、乙类状态,以克服交越失真。静态时要求输出端中点 A 的电位 $U_A = \frac{1}{2} U_{CC}$,可以通过调节 R_{W1} 来实现,又由于 R_{W1} 的一端接在 A 点,因此,在电路中引入交、直流电压并联负反馈,一方面能够稳定放大器的静态工作点,同时也改善了非线性失真。

当输入正弦交流信号 u_i 时,经 T_1 放大、倒相后同时作用于 T_2、T_3 的基极,u_i 的负半周使 T_2 管导通(T_3 管截止),有电流通过负载 R_L,同时向电容 C_0 充电,在 u_i 的正半周,T_3 导通(T_2 截止),则已充好电的电容器 C_0 起着电源的作用,通过负载 R_L 放电,这样在 R_L 上就得到完整的正弦波。

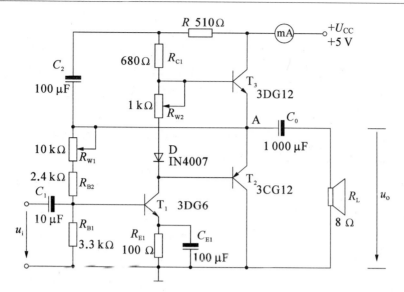

图 1.15.1 OTL 功率放大器实验电路

C_2 和 R 构成自举电路,用于提高输出电压正半周的幅度,以得到大的动态范围。

OTL 电路的主要性能指标:

(1) 最大不失真输出功率 P_{om}。

理想情况下,$P_{om} = \dfrac{1}{8} \dfrac{U_{CC}^2}{R_L}$,在实验中可通过测量 R_L 两端的电压有效值,来求得实际的 $P_{om} = \dfrac{U_o^2}{R_L}$。

(2) 效率 η。

$$\eta = \dfrac{P_{om}}{P_E} \times 100\%$$

式中,P_E——直流电源供给的平均功率。

理想情况下,$\eta_{max} = 78.5\%$。在实验中,可测量电源供给的平均电流 I_{dC},从而求得 $P_E = U_{CC} \cdot I_{dC}$,负载上的交流功率已用上述方法求出,因而也就可以计算实际效率了。

(3) 频率响应。

详见实验三有关部分内容。

(4) 输入灵敏度。

输入灵敏度是指输出最大不失真功率时,输入信号 U_i 之值。

2. 集成功率放大器

集成功放具有线路简单、性能优越、工作可靠、调试方便等优点,已经成为在音频领域中应用十分广泛的功率放大器。

电路中最主要的组件为集成功放块,它的内部电路与一般分立元件功率放大器不同,通常包括前置级、推动级和功率级等几部分。有些还具有一些特殊功能(消除噪声、短路保护等)的电路。其电压增益较高(不加负反馈时,电压增益达 70~80 db,加典型负反馈时电压增益在 40 db 以上)。

本实验采用集成功放 LA4112,内部电路如图 1.15.2 所示,由三级电压放大,一级功率放大以及偏置、恒流、反馈、退耦电路组成。

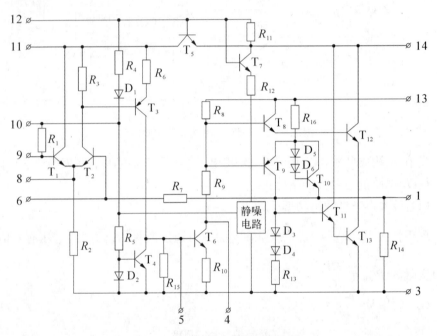

图 1.15.2 LA4112 内部电路图

(1) 电压放大级:第一级选用由 T_1 和 T_2 管组成的差动放大器,这种直接耦合的放大器零漂较小;第二级的 T_3 管完成直接耦合电路中的电平移动,T_4 是 T_3 管的恒流源负载,以获得较大的增益;第三级由 T_6 管等组成,此级增益最高,为防止出现自激振荡,需在该管的 B、C 极之间外接消振电容。

(2) 功率放大级:由 $T_8 \sim T_{13}$ 等组成复合互补推挽电路。为提高输出级增益和正向输出幅度,需外接"自举"电容。

(3) 偏置电路:为建立各级合适的静态工作点而设立。

为了使电路工作正常,还需要和外部元件一起构成反馈电路来稳定和控制增益。同时,还设有退耦电路来消除各级间的不良影响。

LA4112 集成功放是一种塑料封装十四脚的双列直插器件,外形如图

1.15.3 所示。

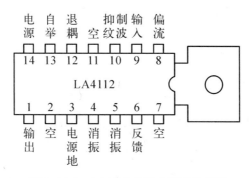

图 1.15.3　LA4112 外形及管脚排列图

集成功率放大器 LA4112 的应用电路如图 1.15.4 所示,电路中电容和电阻的作用如下:

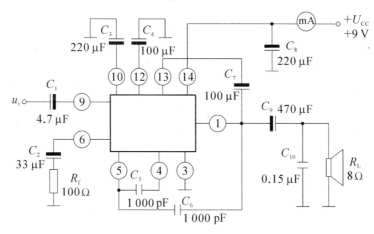

图 1.15.4　由 LA4112 构成的集成功放实验电路

C_1、C_9——输入、输出耦合电容,隔直作用。

C_2 和 R_f——反馈元件,决定电路的闭环增益。

C_3、C_4、C_8——滤波、退耦电容。

C_5、C_6、C_{10}——消振电容,消除寄生振荡。

C_7——自举电容,若无此电容,将出现输出波形半边被削波的现象。

3. 功率放大器的主要性能指标

(1) 最大不失真输出功率 P_{om}。

理想情况下,$P_{om} = \dfrac{1}{8}\dfrac{U_{CC}^2}{R_L}$,在实验中可通过测量 R_L 两端的电压有效值,来

求得实际的输出功率：

$$P_{om} = \frac{U_o^2}{R_L}$$

(2) 效率 η。

$$\eta = \frac{P_{om}}{P_E} \times 100\%$$

式中，P_E——直流电源供给的平均功率。

理想情况下，$\eta_{max} = 78.5\%$。在实验中，测量电源供给的平均电流 I_{dC}，求得 $P_E = U_{CC} \cdot I_{dC}$，负载上的交流功率已用上述方法求出，因而也就可以计算实际效率了。

(3) 输入灵敏度。

输入灵敏度是指输出最大不失真功率时，输入信号 U_i 之值。

四、实验内容

在整个测试过程中，电路不应有自激现象。

1. OTL 功率放大器静态工作点的测试

按图 1.15.1 连接实验电路，将输入信号旋钮旋至零（$u_i = 0$）电源进线中串入直流毫安表，电位器 R_{W2} 置最小值，R_{W1} 置中间位置。接通 +5 V 电源，观察毫安表指示，同时用手触摸输出级管子，若电流过大，或管子温升显著，应立即断开电源检查原因（如 R_{W2} 开路，电路自激，或输出管性能不好等）。如无异常现象，可开始调试。

(1) 调节输出端中点电位 U_A。

调节电位器 R_{W1}，用直流电压表测量 A 点电位，使 $U_A = \frac{1}{2} U_{CC}$。

(2) 调整输出极静态电流及测试各级静态工作点。

调节 R_{W2}，使 T_2、T_3 管的 $I_{C2} = I_{C3} = 5 \sim 10$ mA。从减小交越失真角度而言，应适当加大输出极静态电流，但该电流过大，会使效率降低，所以一般以 5～10 mA 左右为宜。由于毫安表是串在电源进线中，因此测得的是整个放大器的电流，但一般 T_1 的集电极电流 I_{C1} 较小，从而可以把测得的总电流近似当作末级的静态电流。如要准确得到末级静态电流，则可从总电流中减去 I_{C1} 之值。

调整输出级静态电流的另一方法是动态调试法。先使 $R_{W2} = 0$，在输入端接入 $f = 1$ kHz 的正弦信号 u_i。逐渐加大输入信号的幅值，此时，输出波形应出现较严重的交越失真（注意：没有饱和和截止失真），然后缓慢增大 R_{W2}，当交越失真刚好消失时，停止调节 R_{W2}，恢复 $u_i = 0$，此时直流毫安表读数即为输出级静态电流。一般数值也应在 5～10 mA 左右，如过大，则要检查电路。

输出极电流调好以后，测量各级静态工作点，记入表 1.15.1。

表 1.15.1　各级静态工作点 ($I_{C2}=I_{C3}=(\ \ )$ mA, $U_A=2.5$ V)

	T_1	T_2	T_3
U_B(V)			
U_C(V)			
U_E(V)			

注意：

① 在调整 R_{W2} 时，一是要注意旋转方向，不要调得过大，更不能开路，以免损坏输出管。

② 输出管静态电流调好，如无特殊情况，不得随意旋动 R_{W2} 的位置。

2．OTL 功率放大器最大输出功率 P_{om} 和效率 η 的测试

（1）测量 P_{om}。

输入端接 $f=1$ kHz 的正弦信号 u_i，输出端用示波器观察输出电压 u_o 波形。逐渐增大 u_i，使输出电压达到最大不失真输出，用交流毫伏表测出负载 R_L 上的电压 U_{om}，则

$$P_{om}=\frac{U_{om}^2}{R_L}$$

（2）测量 η。

当输出电压为最大不失真输出时，读出直流毫安表中的电流值，此电流即为直流电源供给的平均电流 I_{dC}（有一定误差），由此可近似求得 $P_E=U_{CC}I_{dC}$，再根据上面测得的 P_{om}，即可求出 $\eta=\dfrac{P_{om}}{P_E}$。

3．研究 OTL 功放电路中的自举作用

（1）测量有自举电路，且 $P_o=P_{omax}$ 时的电压增益 $A_v=\dfrac{U_{om}}{U_i}$；

（2）将 C_2 开路，R 短路（无自举），再测量 $P_o=P_{omax}$ 的 A_v。

用示波器观察（1）、（2）两种情况下的输出电压波形，并将以上两项测量结果进行比较，分析研究自举电路的作用。

4．集成功放的静态测试

将输入信号旋钮旋至零，接通 +9 V 直流电源，测量静态总电流及集成块各引脚对地电压，记入自拟表格中。

5．集成功放的动态测试

（1）最大输出功率（接入自举电容 C_7）。

输入端接 1 kHz 正弦信号,输出端用示波器观察输出电压波形,逐渐加大输入信号幅度,使输出电压为最大不失真输出,用交流毫伏表测量此时的输出电压 U_{om},则最大输出功率

$$P_{om} = \frac{U_{om}^2}{R_L}$$

(2) 断开自举电容 C_7,观察并记录输出电压波形变化情况。

6. 试听

输入信号改为录音机输出,输出端接试听音箱及示波器。开机试听 OTL 功放和集成功放的音响效果,并观察语言和音乐信号的输出波形。

五、实验报告要求

(1) 整理实验数据,计算静态工作点、最大不失真输出功率 P_{om}、效率 η 等,并与理论值进行比较。

(2) 分析自举电路的作用。

(3) 讨论实验中发生的问题及解决办法。

六、实验思考题

(1) 交越失真产生的原因是什么?怎样克服交越失真?

(2) 为什么引入自举电路能够扩大输出电压的动态范围?

(3) 若在无输入信号时,示波器观察到输出端有波形,电路是否正常?如何消除?

实验十六 集成稳压器

一、实验目的

（1）了解集成三端稳压器的特性和使用方法。
（2）掌握集成稳压器主要性能指标的测试方法。

二、实验仪器与设备

序号	名称	数量	备注	序号	名称	数量	备注
1	模拟电路实验装置	1		3	万用表	1	
2	函数信号发生器	1					

三、实验原理与参考电路

直流稳压电源几乎是所有电子设备不可缺少的。它由变压器、整流器、滤波器和稳压器四部分组成。稳压器只是直流稳压电源的一部分。

1. 三端稳压器简介

集成稳压器具有性能指标高，使用、组装十分方便等特点。集成稳压器型号较多，常使用的为三端稳压器，如 μA7800 系列是美国仙童公司生产的，LM7800 系列是美国国家半导体公司生产的。我国生产的型号为 CW7800 系列。该系列的后两位数字代表固定稳压输出值，如 7812 表示稳压输出为 +12 V，7815 表示稳压输出为 +15 V。

图 1.16.1 为 7800 系列三端稳压器外形及管脚排列，三端稳压器只有输入、输出和公共端三个引出端，主要参数有：

（1）输出电压；
（2）最小电压差 $(U_i - U_o)_{min}$；
（3）允许输入电压最大值；
（4）允许输出电流值 I_{om}；
（5）允许最大功率损耗 P_{cm}；
（6）稳压系数 S_v；
（7）输出电阻。

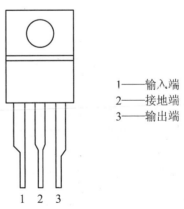

图 1.16.1　7800 系列三端稳压器外形及管脚排列

图 1.16.2 为 7800 系列集成稳压器典型应用电路,其输出电压即为三端稳压器标称的输出电压参数。图中电容 C_1 可进一步减小输入电压的纹波,并能消除自激振荡。电容 C_2 可以消除输出端高频噪声。

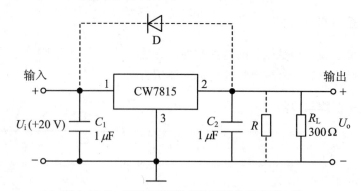

图 1.16.2　7800 系列集成稳压器典型应用电路

2．三端稳压器主要参数的测试方法

（1）稳压系数。

直流稳压电源可用图 1.16.3 所示的框图表示。当输出电流不变(且负载为确定值)时,输入电压变化将引起输出电压变化,则输出电压相对变化量与输入电压相对变化量之比,定义为稳压系数,用 S_v 表示：

$$S_v = \left. \frac{\Delta U_o / U_o}{\Delta U_1 / U_1} \right|_{\Delta I_L = 0}$$

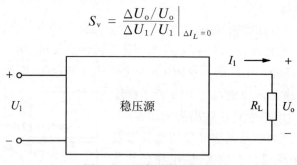

图 1.16.3　框图稳压电源

测量时,如选用多位直流数字电压表,可直接测出当时输入电压 U_1 增加或减少 10% 时,其相应的输出电压 U_o、U_{o1}、U_{o2},求出 ΔU_{o1}、ΔU_{o2},并将其中数值较大的 ΔU_o 代入 S_v 表达式中。显然 S_v 愈小,稳压效果愈好。

若没有多位直流数字电压表,一般采用差值法测量。差值法原理如图 1.16.4 所示。

图中 E 为一组标准电池(或高性能的直流稳压电源),其电压近似等于被测稳压电源的输出电压。将其串入普通电压表后与被测稳压器并联。这样,普通电压表 A、B 两端电位差很小,故可选用低量程(即高灵敏度挡)进行测量。当输入电压

为 U_1 时,电压表指示值为当 U_{AB};升离或降低 10% 时,电压表指示值分别为 U_{AB1}、U_{AB2}。由于标准电池电压不变,所以稳压器输出电压变化量分别为 $\Delta U_{o1} = |U_{AB} - U_{AB1}|$、$\Delta U_{o2} = |U_{AB} - U_{AB2}|$,并应以变化量高的一次记作 ΔU_o。

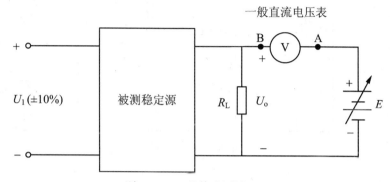

图 1.16.4 差值法测量 ΔU_o

(2) 输出电阻 R_o。

输入电压不变,当负载变化使输出电流增加或减小,会引起输出电压发生很小的变化,则输出电压变化量与输出电流变化量之比,定义为稳压电源的输出电阻,用 R_o 表示。

$$R_o = \left| \frac{\Delta U_o}{\Delta I_L} \right|_{\Delta U_1 = 0}$$

式中,$\Delta I_L = I_{Lmax} - I_{Lmin}$($I_{Lmax}$ 为稳压器额定输出电流,$I_{Lmax} = 0$)。

测量时,令 $U_1 = $ 常数,用直接测量法(或差值法)分别测出 I_{Lmax} 时的 U_{o1} 和 $I_{Lmin} = 0$ 时的 U_{o2},求出 ΔU_o,即可算出 R_o。

(3) 纹波电压。

纹波电压是指输出电压交流分量的有效值,一般为毫伏数量级。

测量时,保持输出电压 U_o 和输出电流 I_L 为额定值,用交流电压表直接测量即可。

3. 三端稳压器扩大输出电压范围

当选定稳压器的型号后,输出电压基本固定,若想扩大输出电压范围,可改变公共端电压实现输出电压的改变。图 1.16.5 为用固定三端稳压器组成的扩大输出电压的三端稳压器。R_2 上的偏压是由静态电流 I_o 和 R_1 上提供的偏压共同决定的,在 R_2 上产生一个可调的变化电压,并加在公共端,则输出电压为

$$U_o = U_o' \left(1 + \frac{R_2}{R_1}\right) + I_o R_2$$

式中,U_o' 为集成稳压器的固定输出电压。

I_o 为集成稳压器的静态电流（7815 的 $I_o = 8$ mA）。

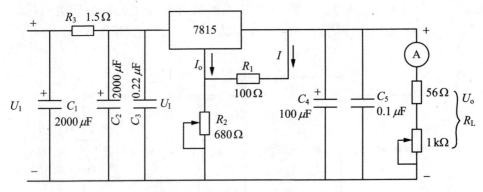

图 1.16.5　扩大输出电压的三端稳压器

四、实验内容

(1) 用差值法测试图 1.16.2 稳压器的稳压系数 S_V。

(2) 测试输出电阻 R_o。

(3) 测试纹波电压值。

(4) * 在图 1.16.5 电路中，当 $U_I = 28$ V 时，改变 R_2，测量输出电压的调节范围（U_{omax}、U_{omin}）。

五、实验报告要求

(1) 记录测试条件和测试结果。

(2) 分析、整理实验结果，对集成稳压器的性能给予评价。

六、实验思考题

(1) 三端稳压器的输入、输出端接电容 C_1 及 C_2 有何作用，实验中证明之。

(2) 适当增大负载电阻 R_L 的值（如增加 2 Ω）测量 S_V 是否发生变化？

(3) 实验用直流稳压电源提供 U_I，所以纹波电压可能很低，故应注意选用高灵敏度交流电压表。

实验十七　波形发生器设计

除了利用集成运放可以构成各种波形发生器电路外,还可以用单片集成电路构成函数发生器,本实验即利用 ICL8038 设计函数发生器,以拓宽集成电路应用知识;进一步熟悉正弦与非正弦信号的测试方法。

一、实验任务与要求

(1) 用单片集成电路 ICL8038 设计一个能产生方波、三角波和正弦波的函数信号产生电路。其指标要求如下:

方　波:重复频率 100～5 000 Hz,相对误差≤5%。
三角波:重复频率 100～5 000 Hz,相对误差≤5%。
正弦波:重复频率 100～5 000 Hz,相对误差≤5%。

(2) 要求。
① 根据设计要求和已知条件,确定电路方案。
② 测量方波、三角波、正弦波产生电路输出的波形和重复频率,使之满足设计要求。

二、实验原理与参考电路

单片集成电路函数发生器 ICL8038,是一个能够产生多种波形信号的大规模集成电路,它的工作频率范围在几赫兹至几百千赫兹之间,它可以同时输出方波(或脉冲波)、三角波、正弦波。其内部组成如图 1.17.1 所示。

图中,电压比较器 A 和 B 的阀值(即门限电压)分别为电源电压(指 V_{CC} + $|-V_{EE}|$)的 2/3 和 1/3,电流源 I_1 与 I_2 的大小可通过外接电阻调节,但 I_2 必须大于 I_1。当触发器的输出为低电平时,电流源 I_2 被切断,电流源 I_1 给电容 C 充电,C 两端的电压 V_C 随时间呈线性上升。当 V_C 达到电源电压的 2/3 时,电压比较器 A 的输出电压发生跳变,使触发器的输出由低电平变为高电平,电流源 I_2 接通。由于 $I_2 > I_1$,因此电容 C 放电,V_C 随时间呈线性下降,当 V_C 下降到电源电压的 1/3 时,电压比较器 B 的输出电压发生跳变,使触发器的输出由高电平跳变为原来的低电平,电流源 I_2 又被切断。I_1 再给电容 C 充电,V_C 又随时间呈线性上升,如此周而复始,产生振荡。

在 $I_2 = 2I_1$ 的条件下:触发器的输出为方波,经反相器后由管脚 9 输出;电容器两端电压 V_C 上升与下降时间相等,为三角波,经电压跟随器后由管脚 3 输出。

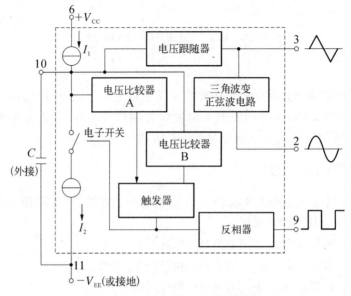

图 1.17.1　ICL8038 内部电路结构

同时通过三角波变正弦波电路得到正弦波,从管脚 2 输出。

当 $I_1 < I_2 < 2I_1$ 时,V_C 上升与下降的时间不相等,管脚 3 输出锯齿波。

ICL8038 是塑封双列直插式集成电路,其管脚功能如图 1.17.2 所示。图中,8 脚为频率调节(简称调频)电压输入端。振荡频率与调频电压高低成正比,其线性度约为 0.5%,调频电压的值是指管脚 6 与管脚 8 之间的电压,它的值应不超过 $\frac{1}{3}(V_{CC}+|-V_{EE}|)$。管脚 7 输出调频电压(指 6 与 7 间电压),其值是 $\frac{1}{5}(V_{CC}+$

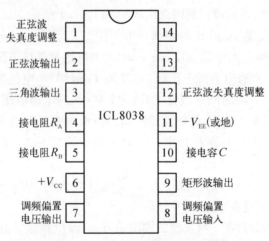

图 1.17.2　ICL8038 管脚排列(顶视)

$|-V_{EE}|$),该电压可作为管脚 8 的输入电压。此外,该器件的矩形波输出级为集电极开路形式,因此一般需在管脚 9 和 $+V_{CC}$ 间外接一个电阻,其阻值在 10 kΩ 左右为宜。图中,V_1、V_2 是防止电源反接保护二极管;C_1 为高频旁路电容,用以消除 8 脚寄生交流电压;R_{W1} 是调频电位器;R_{W2} 为方波占空系数和正弦波失真度调节电位器;R_{W3}、R_{W4} 是个双连电位器,其作用是进一步调节正弦波的失真度;C_2 为定时电容,它是决定该电路振荡频率的主要元件之一。当 7 脚与 8 脚相接并与外电路元件(R_{W1}、C_1)断开时,该电路振荡频率由下式决定:

$$f = \frac{1}{\frac{5}{3}R_A C_2 \left(1 + \frac{R_B}{2R_A - R_B}\right)} \text{ (Hz)}$$

若 $R_A = R_B$,则

$$f = \frac{0.3}{R_A \times C_2} \text{ (Hz)}$$

图 1.17.3 所示电路振荡频率可以调节,f 值取决于 R_{W1} 滑动触点位置(即 8 脚至 6 脚之间的调频电压)、C_2 容量及 R_A、R_B 阻值。其最高频率与最低频率之比可达 100∶1。

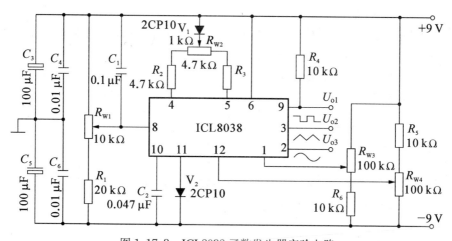

图 1.17.3 ICL8038 函数发生器实验电路

提示:

(1) 函数发生器 ICL8038 可用单电源供电(最小值为 +10 V,最大值为 +30 V)。将原电路 $-V_{EE}$ 端接地即可。

(2) 因振荡频率与调频电压成正比,因此,它可构成压控函数发生器。它的控制电压应加在 6 脚与 8 脚之间,如果控制电压按一定规律变化(如锯齿波),则可构成扫频式函数发生器。

三、实验内容

实验参考电路如图 1.17.3 所示。

(1) 根据设计要求和已知条件，计算和确定电路元器件的参数，并在实验电路板上搭接电路，检查无误后接通电源，进行调试。

(2) 调整电路使正弦波信号非线性失真最小（或消除），使方波正负半周时间为 $\frac{T}{2}$。

(3) 测试该电路最低振荡频率 $f_{\min}$ 和最高振荡频率 $f_{\max}$，以及对应上述频率的 $V_{oP\text{-}P}$（对三种波形而言）。

(4) 更换 C_2，重复上述测试内容。

四、实验报告要求

原理电路的设计，内容包括：

(1) 简要说明电路的工作原理和主要元器件在电路中的作用以及单片函数发生器 ICL8038 的技术参数。

(2) 元器件参数的确定和元器件的选择。

(3) 整理实验结果并画出输出电压 U_{o1}、U_{o2}、U_{o3} 的波形（标出幅值、周期、相位关系），分析实验结果，总结使用要点。

(4) 将实验测得的振荡频率、输出电压的幅值分别与理论计算进行比较，分析产生误差的原因。

(5) 调试过程中所遇到的问题及解决的方法。

五、实验思考题

如果将集成电路 ICL8038 构成压控函数发生器，改造成扫频式函数发生器，则加在 6、8 脚之间的应为什么样的信号？

实验十八　运算放大器应用(一)
——温度监测及控制电路

在生产实践中,经常需要对温度进行监控。本实验要求用运算放大器,配以双臂电桥测温电路组成温度监控电路。通过本实验了解运算放大器的实际应用。

一、实验任务和要求

设计一个由双臂电桥和运算放大器组成的桥式放大电路,通过本实验可以了解运算放大器的实际应用。

要求:

(1) 要求能够对温度进行监测控制。

(2) 对控温的精度进行研究。

二、实验原理及参考电路

实验参考电路如图 1.18.1 所示,它是由负温度系数电阻特性的热敏电阻(NTC 元件)R_t 为一臂组成测温电桥,其输出经测量放大器放大后由滞回比较器输出"加热"与"停止"信号,经三极管放大后控制加热器"加热"与"停止"。改变滞回比较器的比较电压 U_R 即改变控温的范围,而控温的精度则由滞回比较器的滞回宽度确定。

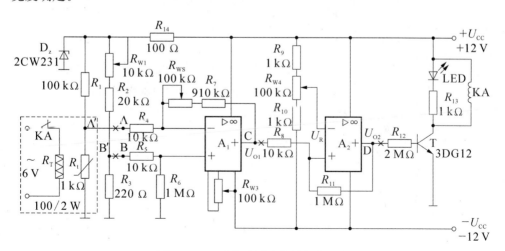

图 1.18.1　温度监测及控制实验电路

(1) 测温电桥。

由 R_1、R_2、R_3、R_{W1} 及 R_t 组成测温电桥,其中 R_t 是温度传感器。其呈现出的阻值与温度成线性变化关系且具有负温度系数,而温度系数又与流过它的工作电流有关。为了稳定 R_t 的工作电流,达到稳定其温度系数的目的,设置了稳压管 D_2。R_{W1} 可决定测温电桥的平衡。

(2) 差动放大电路。

由 A_1 及外围电路组成的差动放大电路,将测温电桥输出电压 ΔU 按比例放大。其输出电压

$$U_{o1} = -\left(\frac{R_7 + R_{W2}}{R_4}\right)U_A + \left(\frac{R_4 + R_7 + R_{W2}}{R_4}\right)\left(\frac{R_6}{R_5 + R_6}\right)U_B$$

当 $R_4 = R_5$,$(R_7 + R_{W2}) = R_6$ 时,

$$U_{o1} = \frac{R_7 + R_{W2}}{R_4}(U_B - U_A)$$

R_{W3} 用于差动放大器调零。

可见差动放大电路的输出电压 U_{o1} 仅取决于两个输入电压之差和外部电阻的比值。

(3) 滞回比较器。

差动放大器的输出电压 U_{o1} 输入由 A_2 组成的滞回比较器。

滞回比较器的单元电路如图 1.18.2 所示,设比较器输出高电平为 U_{oH},输出低电平为 U_{oL},参考电压 U_R 加在反相输入端。

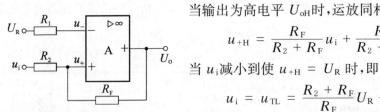

图 1.18.2 同相滞回比较器

当输出为高电平 U_{oH} 时,运放同相输入端电位

$$u_{+H} = \frac{R_F}{R_2 + R_F}u_i + \frac{R_2}{R_2 + R_F}U_{oH}$$

当 u_i 减小到使 $u_{+H} = U_R$ 时,即

$$u_i = u_{TL} = \frac{R_2 + R_F}{R_F}U_R - \frac{R_2}{R_F}U_{oH}$$

此后,u_i 稍有减小,输出就从高电平跳变为低电平。

当输出为低电平 U_{oL} 时,运放同相输入端电位

$$u_{+L} = \frac{R_F}{R_2 + R_F}u_i + \frac{R_2}{R_2 + R_F}U_{oL}$$

当 u_i 增大到使 $u_{+L} = U_R$ 时,即

$$u_i = U_{TH} = \frac{R_2 + R_F}{R_F}U_R - \frac{R_2}{R_F}U_{oL}$$

此后,u_i 稍有增加,输出又从低电平跳变为高电平。

因此，U_{TL} 和 U_{TH} 为输出电平跳变时对应的输入电平，常称 U_{TL} 为下门限电平，U_{TH} 为上门限电平，而两者的差值

$$\Delta U_T = U_{TR} - U_{TL} = \frac{R_2}{R_F}(U_{oH} - U_{oL})$$

称为门限宽度，它们的大小可通过调节 R_2/R_F 的比值来调节。

图 1.18.3 为滞回比较器的电压传输特性。

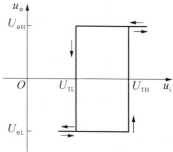

图 1.18.3 电压传输特性

由上述分析可见差动放大器输出电压 u_{o1} 经分压后，在 A_2 组成的滞回比较器，与反相输入端的参考电压 U_R 相比较。当同相输入端的电压信号大于反相输入端的电压时，A_2 输出正饱和电压，三极管 T 饱和导通。通过发光二极管 LED 的发光情况，可见负载的工作状态为加热。反之，为同相输入信号小于反相输入端电压时，A_2 输出负饱和电压，三极管 T 截止，LED 熄灭，负载的工作状态为停止。调节 R_{W4} 可改变参考电平，也同时调节了上下门限电平，从而达到设定温度的目的。

整体实验电路见图 1.18.1。

三、实验内容

按图 1.18.1 连接实验电路，各级之间暂不连通，形成各级单元电路，以便各单元分别进行调试。

1. **差动放大器**

差动放大电路如图 1.18.4 所示。它可实现差动比例运算。

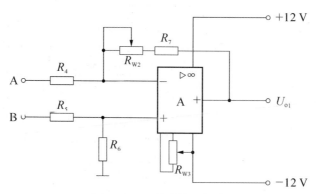

图 1.18.4 差动放大电路

(1) 运放调零。将 A、B 两端对地短路，调节 R_{W3} 使 $U_o = 0$。

(2) 去掉 A、B 端对地短路线。从 A、B 端分别加入不同的两个直流电平。当

电路中 $R_7 + R_{W2} = R_6$，$R_4 = R_5$ 时，其输出电压

$$u_o = \frac{R_7 + R_{W2}}{R_4}(U_B - U_A)$$

在测试时，要注意加入的输入电压不能太大，以免放大器输出进入饱和区。

(3) 将 B 点对地短路，把频率为 100 Hz、有效值为 10 mV 的正弦波加入 A 点。用示波器观察输出波形。在输出波形不失真的情况下，用交流毫伏表测出 u_i 和 u_o 的电压。算得此差动放大电路的电压放大倍数 A。

2. 桥式测温放大电路

将差动放大电路的 A、B 端与测温电桥的 A′、B′ 端相连，构成一个桥式测温放大电路。

(1) 在室温下使电桥平衡。

在实验室室温条件下，调节 R_{W1}，使差动放大器输出 $U_{o1} = 0$（注意：前面实验中调好的 R_{W3} 不能再动）。

(2) 温度系数 $K(V/℃)$。

由于测温需升温槽，为使实验简易，可虚设室温 T 及输出电压 U_{o1}，温度系数 K 也定为一个常数，具体参数由读者自行填入表 1.18.1 内。

表 1.18.1

温度 $T(℃)$	室温℃				
输出电压 $U_{o1}(V)$	0				

从表 1.18.1 中可得到 $K = \Delta U/\Delta T$。

(3) 桥式测温放大器的温度—电压关系曲线。

根据前面测温放大器的温度系数 K，可画出测温放大器的温度—电压关系曲线，实验时要标注相关的温度和电压的值，如图 1.18.5 所示。从图中可求得在其他温度时，放大器实际应输出的电压值。也可得到在当前室温时，U_{o1} 实际对应值 U_S。

(4) 重调 R_{W1}，使测温放大器在当前室温下输出 U_S。即调 R_{W1}，使 $U_{o1} = U_S$。

3. 滞回比较器

滞回比较器电路如图 1.18.6 所示。

(1) 直流法测试比较器的上下门限电平。

首先确定参考电平 U_R 值。调 R_{W4}，使 $U_R = 2$ V。然后将可变的直流电压 U_i 加入比较器的输入

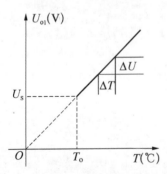

图 1.18.5 温度—电压关系曲线

端。比较器的输出电压 U_o 送入示波器 Y 输入端(将示波器的"输入耦合方式开关"置于"DC", X 轴"扫描触发方式开关"置于"自动")。改变直流输入电压 U_i 的大小,从示波器屏幕上观察到当 u_o 跳变时所对应的 U_i 值,即为上、下门限电平。

(2) 交流法测试电压传输特性曲线。

将频率为 100 Hz,幅度 3 V 的正弦信号加入比较器输入端,同时送入示波器的 X 轴输入端,作为 X 轴扫描信号。比较器的输出信号送入示波器的 Y 轴输入端。微调正弦信号的大小,可从示波器显示屏上看到完整的电压传输特性曲线。

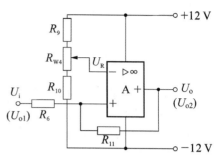

图 1.18.6 滞回比较器电路

4. 温度检测控制电路整机工作状况

(1) 按图 1.18.1 连接各级电路。

注意:可调元件 R_{W1}、R_{W2}、R_{W3} 不能随意变动。如有变动,必须重新进行前面内容。

(2) 根据所需检测报警或控制的温度 T,从测温放大器温度—电压关系曲线中确定对应的 u_{o1} 值。

(3) 调节 R_{W4} 使参考电压 $U_R' = U_R = U_{o1}$。

(4) 用加热器升温,观察温升情况,直至报警电路动作报警(在实验电路中当 LED 发光时作为报警),记下动作时对应的温度值 t_1 和 U_{o11} 的值。

(5) 用自然降温法使热敏电阻降温,记下电路解除时所对应的温度值 t_2 和 U_{o12} 的值。

(6) 改变控制温度 T,重做(2)、(3)、(4)、(5)内容。把测试结果记入表 1.18.2。

表 1.18.2

	设定温度 T(℃)								
设定电压	从曲线上查得 U_{o1}								
	U_R								
动作温度	T_1(℃)								
	T_2(℃)								
动作电压	U_{o11}(V)								
	U_{o12}(V)								

根据 t_1 和 t_2 值,可得到检测灵敏度 $t_o = (t_2 - t_1)$。

注:实验中的加热装置可用一个 100 Ω/2 W 的电阻 R_T 模拟,将此电阻靠近 R_t 即可。

四、实验报告要求

(1) 整理实验数据,画出有关曲线、数据表格以及实验线路。
(2) 用方格纸画出测温放大电路温度系数曲线及比较器电压传输特性曲线。
(3) 实验中的故障排除情况及体会。

五、实验思考题

(1) 如果放大器不进行调零,将会引起什么结果?
(2) 如何设定温度检测控制点?

实验十九 运算放大器应用(二)
——万用表的设计与调试

万用电表是一种常用的测量仪表,它具有灵敏度高、量程多的特点,以测量电压、电流和电阻为主。

一、设计任务与要求

设计一个由运算放大器组成的万用电表,要求具有测量交流电压、交流电流、直流电压、直流电流和欧姆表的功能。具体要求:

(1) 直流电压表:满量程 +6 V。
(2) 直流电流表:满量程 10 mA。
(3) 交流电压表:满量程 6 V, 50 Hz~1 kHz。
(4) 交流电流表:满量程 10 mA。
(5) 欧姆表:满量程分别为 1 kΩ, 10 kΩ, 100 kΩ。

二、实验设计原理与参考电路

在测量中,电表的接入应不影响被测电路的原工作状态,这就要求电压表应具有无穷大的输入电阻,电流表的内阻应为零。但实际上,万用电表表头的可动线圈总有一定的电阻,例如,100 μA 的表头,其内阻约为 1 kΩ,用它进行测量时将影响被测量,引起误差。此外,交流电表中的整流二极管的压降和非线性特性也会产生误差。如果在万用电表中使用运算放大器,就能大大降低这些误差,提高测量精度。在欧姆表中采用运算放大器,不仅能得到线性刻度,还能实现自动调零。

1. 直流电压表

图 1.19.1 为同相端输入,高精度直流电压表电的原理图。

为了减小表头参数对测量精度的影响,将表头置于运算放大器的反馈回路中,这时,流经表头的电流与表头的参数无关,只要改变 R_1 一个电阻,就可进行量程的切换。

表头电流 I 与被测电压 U_i 的关系为

$$I = \frac{U_i}{R_1}$$

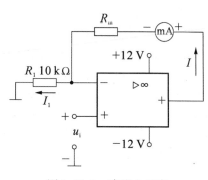

图 1.19.1 直流电压表

应当指出:图 1.19.1 适用于测量电路与运算放大器共地的有关电路。此外,当被测电压较高时,在运放的输入端应设置衰减器。

2. 直流电流表

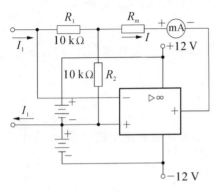

图 1.19.2 直流电流表

图 1.19.2 是浮地直流电流表的电原理图。在电流测量中,浮地电流的测量是普遍存在的,例如,若被测电流无接地点,就属于这种情况。为此,应把运算放大器的电源也对地浮动,按此种方式构成的电流表就可像常规电流表那样,串联在任何电流通路中测量电流。

表头电流 I 与被测电流 I_1 间关系为

$$-I_1 R_1 = (I_1 - I) R_2$$

所以

$$I = \left(1 + \frac{R_1}{R_2}\right) I_1$$

可见,改变电阻比(R_1/R_2),可调节流过电流表的电流,以提高灵敏度。如果被测电流较大时,应给电流表表头并联分流电阻。

3. 交流电压表

由运算放大器、二极管整流桥和直流毫安表组成的交流电压表如图 1.19.3 所示。被测交流电压 u_i 加到运算放大器的同相端,故有很高的输入阻抗,又因为负反馈能减小反馈回路中的非线性影响,故把二极管桥路和表头置于运算放大器的反馈回路中,以减小二极管本身非线性的影响。

表头电流 I 与被测电压 u_i 的关系为

$$I = \frac{U_i}{R_1}$$

电流 I 全部流过桥路,其值仅与 U_i/R_1 有关,与桥路和表头参数(如二极管的死区等非线性参数)无关。表头中电流与被测电压 u_i 的全波整流平均值成正比,若 u_i 为正弦波,则表头可按有效值来刻度。被测电压的上限频率决定于运算放大器的频带和上升速率。

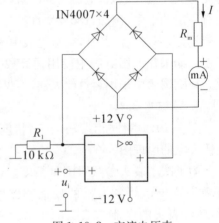

图 1.19.3 交流电压表

4. 交流电流表

图 1.19.4 为浮地交流电流表,表头读数由被测交流电流 i 的全波整流平均值

I_{1AV} 决定,即

$$I = \left(1 + \frac{R_1}{R_2}\right)I_{1AV}$$

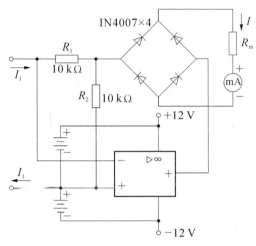

图 1.19.4　交流电流表

如果被测电流 i 为正弦电流,即 $i_1 = \sqrt{2}I_1 \sin\omega t$,则上式可写为

$$I = 0.9\left(1 + \frac{R_1}{R_2}\right)I_1$$

则表头可按有效值来刻度。

5. 欧姆表

图 1.19.5 为多量程的欧姆表。

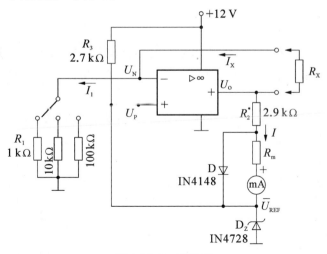

图 1.19.5　欧姆表

在此电路中,运算放大器改由单电源供电,被测电阻 R_X 跨接在运算放大器的反馈回路中,同相端加基准电压 U_{REF}。因为

$$U_P = U_N = U_{REF}$$

$$I_1 = I_X$$

$$\frac{U_{REF}}{R_1} = \frac{U_o - U_{REF}}{R_X}$$

即

$$R_X = \frac{R_1}{U_{REF}}(U_o - U_{REF})$$

流经表头的电流

$$I = \frac{U_o - U_{REF}}{R_2 + R_m}$$

由上两式消去 $(U_o - U_{REF})$ 可得

$$I = \frac{U_{REF} R_X}{R_1(R_m + R_2)}$$

可见,电流 I 与被测电阻成正比,而且表头具有线性刻度,改变 R_1 值,可改变欧姆表的量程。这种欧姆表能自动调零,当 $R_X = 0$ 时,电路变成电压跟随器,$U_o = U_{REF}$,故表头电流为零,从而实现了自动调零。

二极管 D 起保护电表的作用,如果没有 D,当 R_X 超量程时,特别是当 $R_X \to \infty$,运算放大器的输出电压将接近电源电压,使表头过载。有了 D 就可使输出钳位,防止表头过载。调整 R_2,可实现满量程调节。

三、实验内容

(1) 分别连接电压、电流和欧姆线路,分别测试其功能。

(2) 万用电表的电路是多种多样的,建议用参考电路设计一只较完整的万用电表。

(3) 万用电表作电压、电流或欧姆测量时,和进行量程切换时应用开关切换,但实验时可用引接线切换。

注意事项:

(1) 在连接电源时,正、负电源连接点上各接大容量的滤波电容器和 0.01～0.1 μF 的小电容器,以消除通过电源产生的干扰。

(2) 万用电表的电性能测试要用标准电压、电流表校正,欧姆表用标准电阻校正。考虑实验要求不高,建议用数字式 $4\frac{1}{2}$ 位万用电表作为标准表。

四、报告要求

（1）画出完整的万用电表的设计电路原理图。

（2）将万用电表与标准表作测试比较，计算万用电表各功能挡的相对误差，分析误差原因。

（3）电路改进建议。

第二部分　数字电路实验

实验一　晶体管开关特性、限幅器与钳位器

一、实验目的

(1) 观察晶体二极管、三极管的开关特性,了解外电路参数变化对晶体管开关特性的影响。

(2) 掌握限幅器和钳位器的基本工作原理。

二、实验仪器与设备

序号	名称	数量	备注	序号	名称	数量	备注
1	数字电路实验装置	1		3	万用表	1	
2	示波器	1					

三、实验原理及参考电路

1. 晶体二极管的开关特性

由于晶体二极管具有单向导电性,故其开关特性表现在正向导通与反向截止两种不同状态的转换过程。

如图 2.1.1 电路,输入端施加一方波激励信号 v_i,由于二极管结电容的存在,因而有充电、放电和存贮电荷的建立与消散的过程。因此,当加在二极管上的电压突然由正向偏置($+V_1$)变为反向偏置($-V_2$)时,二极管并不立即截止,而是出现一个较大的反向电流 $-\dfrac{V_2}{R}$,并维持一段时间 t_s(称为存贮时间)后,电流才开始减小,再经 t_f(称为下降时间)后,反向电流才等于静态特性上的反向电流 I_0。将 $t_{rr} = t_s + t_f$ 叫做反向恢复时间,t_{rr} 与二极管的结构有关,PN 结面积小,结电容小,存贮电荷就少,t_s 就短,同时也与正向导通电流和反向电流有关。

当管子选定后,减小正向导通电流和增大反向驱动电流,可加速电路的转换过程。

2. 晶体三极管的开关特性

晶体三极管的开关特性是指它从截止到饱和导通,或从饱和导通到截止的转换过程,而且这种转换都需要一定的时间才能完成。

如图 2.1.2 电路的输入端,施加一个足够幅度(在 $-V_2$ 和 $+V_1$ 之间变化)的矩形脉冲电压 v_i 激励信号,就能使晶体管从截止状态进入饱和导通,再从饱和进入截止。可见晶体管 T 的集电极电流 i_c 和输出电压 v_o 的波形已不是一个理想的矩形波,其起始部分和平顶部分都延迟了一段时间,其上升沿和下降沿都变得缓慢了,如图 2.1.2 波形所示,从 v_i 开始跃升到 i_c 上升到 $0.1I_{CS}$,所需时间定义为延迟时间 t_d,而 i_c 从 $0.1I_{CS}$ 增长到 $0.9I_{CS}$ 的时间为上升时间 t_r,从 v_i 开始跃降到 i_c 下降到 $0.9I_{CS}$ 的时间为存贮时间 t_s,而 i_c 从 $0.9I_{CS}$ 下降到 $0.1I_{CS}$ 的时间为下降时间 t_f,通常称 $t_{on} = t_d + t_r$ 为三极管开关的"接通时间",$t_{off} = t_s + t_f$ 称为"断开时间",形成上述开关特性的主要原因乃是晶体管结电容之故。

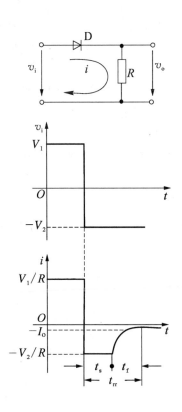

图 2.1.1 晶体二极管的开关特性

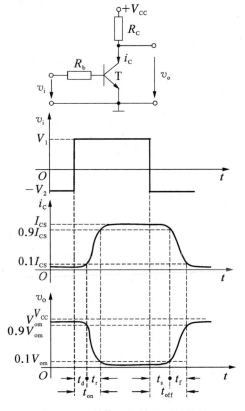

图 2.1.2 晶体三极管的开关特性

改善晶体三极管开关特性的方法是采用加速电容 C_b 和在晶体管的集电极加二极管 D 钳位,如图 2.1.3 所示。

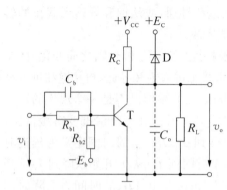

图 2.1.3 改善三极管开关特性的电路

C_b 是一个近百 pF 的小电容,当 v_i 正跃变期间,由于 C_b 的存在,R_{b1} 相当于被短路,v_i 几乎全部加到基极上,使 T 迅速进入饱和,t_d 和 t_r 大大缩短。当 v_i 负跃变时,R_{b1} 再次被短路,使 T 迅速截止,也大大缩短了 t_s 和 t_f,可见 C_b 仅在瞬态过程中才起作用,稳态时相当于开路,对电路没有影响。C_b 既加速了晶体管的接通过程又加速了断开过程,故称之为加速电容,这是一种经济有效的方法,在脉冲电路中得到广泛应用。

钳位二极管 D 的作用是当管子 T 由饱和进入截止时,随着电源对分布电容和负载电容的充电,v_o 逐渐上升。因为 $V_{CC} > E_C$,当 v_o 超过 E_C 后,二极管 D 导通,使 v_o 的最高值被钳位在 E_C,从而缩短 v_o 波形的上升边沿,而且上升边的起始部分又比较陡,所以大大缩短了输出波形的上升时间 t_r。

3. 二极管与三极管的非线性特性

利用二极管与三极管的非线性特性,可构成限幅器和钳位器。它们均是一种波形变换电路,在实际中均有广泛的应用。二极管限幅器是利用二极管导通时和截止时呈现的阻抗不同来实现限幅,其限幅电平由外接偏压决定。三极管则利用其截止和饱和特性实现限幅。钳位的目的是将脉冲波形的顶部或底部钳制在一定的电平上。

四、实验内容

在实验装置合适位置放置元件,然后接线。

1. 二极管反向恢复时间的观察

按图 2.1.4 接线,E 为偏置电压(0~2 V 可调)。

(1) 输入信号 v_i 为频率 $f = 100$ kHz、幅值 $V_m = 3$ V 方波信号,E 调至 0 V,用双踪示波器观察和记录输入信号 v_i 和输出信号 v_o 的波形,并读出存贮时间 t_s 和下降时间 t_f 的值。

(2) 改变偏值电压 E(由 0 变到 2 V),观察输出波形 v_o 的 t_s 和 t_f 的变化规律,对记录结果进行分析。

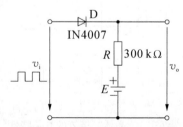

图 2.1.4 二极管开关特性实验电路

2. 三极管开关特性的观察

按图 2.1.5 接线，输入 v_i 为 100 kHz 方波信号，晶体管选用 3DG6A。

(1) 将 B 点接至负电源 $-E_b$，使 $-E_b$ 在 $0 \sim -4$ V 内变化。观察并记录输出信号 v_o 波形的 t_d、t_r、t_s 和 t_f 变化规律。

(2) 将 B 点换接在接地点，在 R_{b1} 上并一个 30 pF 的加速电容 C_b，观察 C_b 对输出波形的影响，然后将 C_b 更换成 300 pF，观察并记录输出波形的变化情况。

(3) 去掉 C_b，在输出端接入负载电容 $C_L = 30$ pF，观察并记录输出波形的变化情况。

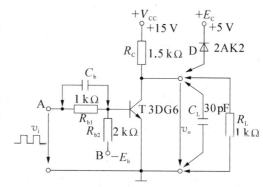

图 2.1.5 三极管开关特性实验电路

(4) 输出端再并接一负载电阻 $R_L = 1$ kΩ，观察并记录输出波形的变化情况。

(5) 去掉 R_L，接入限幅二极管 D(2AK2)，观察并记录输出波形的变化情况。

3. 二极管限幅器

按图 2.1.6 接线，输入 v_i 为 $f = 10$ kHz，$V_{PP} = 4$ V 的正弦波信号，令 $E = 2$ V、1 V、0 V、-1 V，观察输出波形 v_o，并列表记录。

4. 二极管钳位器

按图 2.1.7 接线，v_i 为 $f = 10$ kHz 的方波信号，令 $E = 1$ V、0 V、-1 V、-3 V，观察输出波形，并列表记录。

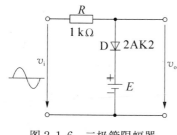

图 2.1.6 二极管限幅器

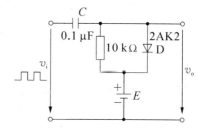

图 2.1.7 二极管钳位器

5. 三极管限幅器

按图 2.1.8 接线，v_i 为正弦波，$f = 10$ kHz，V_{PP} 在 $0 \sim 5$ V 范围连续可调，在不同的输入信号幅度下，观察输出波形 v_o 的变化情况，并列表记录。

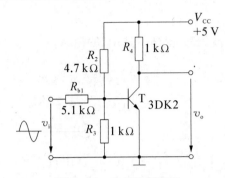

图 2.1.8 三极管限幅器

五、实验报告

(1) 将实验观测到的波形画在方格坐标纸上,并对它们进行分析和讨论。

(2) 总结外电路元件参数对二、三极管开关特性的影响。

六、实验思考题

(1) 实验中的二极管限幅器能实现何种限幅?如果二极管的极性及偏压 E 的极性都反接,输出波形会出现什么变化?

(2) 实验中的二极管钳位器能实现何种钳位?如将二极管的极性及偏压 E 的极性反接,将会出现什么现象?电路对电容 C 和电阻 R 的取值有何要求?

实验二　基本门电路的逻辑功能和参数测试

一、实验目的

(1) 掌握 TTL 集成与非门的逻辑功能和主要参数的测试方法。
(2) 掌握 TTL 器件的使用规则。
(3) 进一步熟悉数字电路实验装置的结构，基本功能和使用方法。

二、实验仪器与设备

序号	名称	数量	备注	序号	名称	数量	备注
1	数字电路实验装置	1		3	万用表	2	
2	示波器	1					

三、实验原理及参考电路

本实验采用四输入双与非门 74LS20，即在一块集成块内含有两个互相独立的与非门，每个与非门有四个输入端。其逻辑框图、符号及引脚排列如图 2.2.1(a)、(b)、(c)所示。

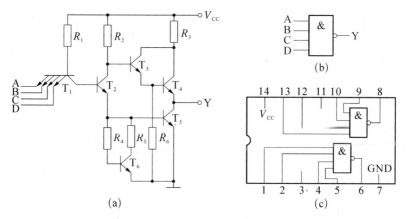

图 2.2.1　74LS20 逻辑框图、逻辑符号及引脚排列

1．与非门的逻辑功能

与非门的逻辑功能是，当输入端中有一个或一个以上是低电平时，输出端为高电平；只有当输入端全部为高电平时，输出端才是低电平（即有"0"得"1"，全"1"得"0"）。

其逻辑表达式为

$$Y = \overline{AB\cdots}$$

2. TTL 与非门的主要参数

(1) 低电平输出电源电流 I_{CCL} 和高电平输出电源电流 I_{CCH}。

与非门处于不同的工作状态,电源提供的电流是不同的。I_{CCL} 是指所有输入端悬空,输出端空载时,电源提供器件的电流。I_{CCH} 是指输出端空截,每个门各有一个以上的输入端接地,其余输入端悬空,电源提供给器件的电流。通常 $I_{CCL} > I_{CCH}$,它们的大小标志着器件静态功耗的大小。器件的最大功耗为 $P_{CCL} = V_{CC}I_{CCL}$。手册中提供的电源电流和功耗值是指整个器件总的电源电流和总的功耗。I_{CCL} 和 I_{CCH} 测试电路如图 2.2.2(a)、(b)所示。

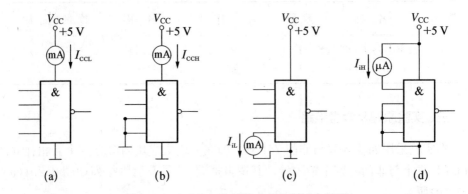

图 2.2.2 TTL 与非门静态参数测试电路图

注意:TTL 电路对电源电压要求较严,电源电压 V_{CC} 只允许在 +5 V±10% 的范围内工作,超过 5.5 V 将损坏器件;低于 4.5 V 器件的逻辑功能将不正常。

(2) 低电平输入电流 I_{iL} 和高电平输入电流 I_{iH}。

I_{iL} 是指被测输入端接地,其余输入端悬空,输出端空载时,由被测输入端流出的电流值。在多级门电路中,I_{iL} 相当于前级门输出低电平时,后级向前级门灌入的电流,因此它关系到前级门的灌电流负载能力,即直接影响前级门电路带负载的个数,因此希望 I_{iL} 小些。

I_{iH} 是指被测输入端接高电平,其余输入端接地,输出端空载时,流入被测输入端的电流值。在多级门电路中,它相当于前级门输出高电平时,前级门的拉电流负载,其大小关系到前级门的拉电流负载能力,希望 I_{iH} 小些。由于 I_{iH} 较小,难以测量,一般免于测试。

I_{iL} 与 I_{iH} 的测试电路如图 2.2.2(c)、(d)所示。

(3) 扇出系数 N_o。

扇出系数 N_o 是指门电路能驱动同类门的个数,它是衡量门电路负载能力的一个参数，TTL 与非门有两种不同性质的负载，即灌电流负载和拉电流负载，因此有两种扇出系数，即低电平扇出系数 N_{oL} 和高电平扇出系数 N_{oH}。通常 $I_{iH} < I_{iL}$，则 $N_{oH} > N_{oL}$，故常以 N_{oL} 作为门的扇出系数。

N_{oL} 的测试电路如图 2.2.3 所示，门的输入端全部悬空，输出端接灌电流负载 R_L，调节 R_L 使 I_{oL} 增大，V_{oL} 随之增高，当 V_{oL} 达到 V_{oLm}（手册中规定低电平规范值 0.4 V）时的 I_{oL} 就是允许灌入的最大负载电流，则

$$N_{oL} = \frac{I_{oL}}{I_{iL}}$$

通常 $N_{oL} \geq 8$。

(4) 电压传输特性。

门的输出电压 v_o 随输入电压 v_i 而变化的曲线 $v_o = f(v_i)$ 称为门的电压传输特性，通过它可读得门电路的一些重要参数，如输出高电平 V_{oH}、输出低电平 V_{oL}、关门电平 V_{off}、开门电平 V_{oN}、阈值电平 V_T 及抗干扰容限 V_{NL}、V_{NH} 等值。测试电路如图 2.2.4 所示，采用逐点测试法，即调节 R_W，逐点测得 V_i 及 V_o，然后绘成曲线。

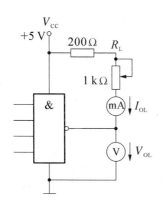
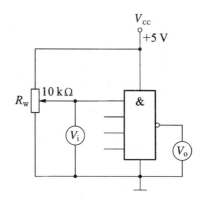

图 2.2.3 扇出系数试测电路   图 2.2.4 传输特性测试电路

(5) 平均传输延迟时间 t_{pd}。

t_{pd} 是衡量门电路开关速度的参数，它是指输出波形边沿的 $0.5 V_m$ 至输入波形对应边沿 $0.5 V_m$ 点的时间间隔，如图 2.2.5 所示。

图 2.2.5(a) 中的 t_{pdL} 为导通延迟时间，t_{pdH} 为截止延迟时间，平均传输延迟时间为

$$t_{pd} = \frac{1}{2}(t_{pdL} + t_{pdH})$$

t_{pd} 的测试电路如图 2.2.5(b) 所示，由于 TTL 门电路的延迟时间较小，直接测量时对信号发生器和示波器的性能要求较高，故实验采用测量由奇数个与非门组成的环形振荡器的振荡周期 T 来求得。其工作原理是，假设电路在接通电源后某一瞬间，电路中的 A 点为逻辑"1"，经过三级门的延迟后，使 A 点由原来的逻辑"1"

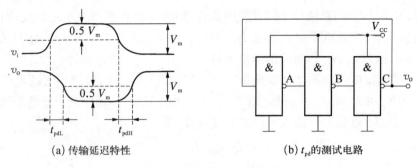

(a) 传输延迟特性　　　　　(b) t_{pd}的测试电路

图 2.2.5　传输延迟时间及测试电路

变为逻辑"0";再经过三级门的延迟后,A 点电平又重新回到逻辑"1"。电路中其他各点电平也跟随变化。说明使 A 点发生一个周期的振荡,必须经过 6 级门的延迟时间。因此,平均传输延迟时间为

$$t_{pd} = \frac{T}{6}$$

TTL 电路的 t_{pd} 一般在 10~40 ns 之间。

74LS20 主要电参数规范如表 2.2.1 所示。

表 2.2.1　74LS20 主要电参数

	参数名称和符号		规范值	单位	测　试　条　件
直流参数	通导电源电流	I_{CCL}	<14	mA	$V_{CC} = 5\ V$,输入端悬空,输出端空载
	截止电源电流	I_{CCH}	<7	mA	$V_{CC} = 5\ V$,输入端接地,输出端空载
	低电平输入电流	I_{iL}	≤1.4	mA	$V_{CC} = 5\ V$,被测输入端接地,其他输入端悬空,输出端空载
	高电平输入电流	I_{iH}	<50	μA	$V_{CC} = 5\ V$,被测输入端 $V_{in} = 2.4\ V$,其他输入端接地,输出端空载
			<1	mA	$V_{CC} = 5\ V$,被测输入端 $V_{in} = 5\ V$,其他输入端接地,输出端空载
	输出高电平	V_{oH}	≥3.4	V	$V_{CC} = 5\ V$,被测输入端 $V_{in} = 0.8\ V$,其他输入端悬空,$I_{oH} = 400\ \mu A$
	输出低电平	V_{oL}	<0.5	V	$V_{CC} = 5\ V$,输入端 $V_{in} = 2.0\ V$,$I_{oL} = 12.8\ mA$
	扇出系数	N_0	4~8	V	同 V_{oH} 和 V_{oL}
交流参数	平均传输延迟时间	t_{pd}	≤20	ns	$V_{CC} = 5\ V$,被测输入端输入信号:$V_{in} = 3.0\ V$,$f = 2\ MHz$

四、实验内容

在合适的位置选取一个 14P 插座,按定位标记插好 74LS20 集成块。

1. 验证 TTL 集成与非门 74LS20 的逻辑功能

按图 2.2.6 接线,门的四个输入端接逻辑开关输出插口,以提供"0"与"1"电平信号,开关向上,输出逻辑"1",向下为逻辑"0"。门的输出端接由 LED 发光二极管组成的逻辑电平显示器(又称 0—1 指示器)的显示插口,LED 亮为逻辑"1",不亮为逻辑"0"。按表 2.2.2 的真值表逐个测试集成块中两个与非门的逻辑功能。74LS20 有 4 个输入端,有 16 个最小项,在实际测试时,只要通过对输入 1111、0111、1011、1101、1110 五项进行检测就可判断其逻辑功能是否正常。

表 2.2.2 74LS20 逻辑功能验证表

输入				输出	
A_n	B_n	C_n	D_n	Y_1	Y_2
1	1	1	1		
0	1	1	1		
1	0	1	1		
1	1	0	1		
1	1	1	0		

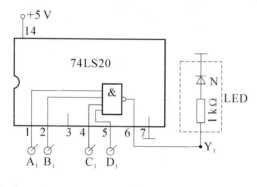

图 2.2.6 与非门逻辑功能测试电路

2. 74LS20 主要参数的测试

(1) 分别按图 2.2.2、图 2.2.3、图 2.2.5(b) 接线并进行测试,将测试结果记入表 2.2.3 中。

表 2.2.3 74LS20 主要参数的测试表

I_{CCL}(mA)	I_{CCH}(mA)	I_{iL}(mA)	I_{oL}(mA)	$N_o = \dfrac{I_{oL}}{I_{iL}}$	$t_{pd} = T/6$(ns)

(2) 按图 2.2.4 接线,调节电位器 R_W,使 v_i 从 0 V 向高电平变化,逐点测量 v_i 和 v_o 的对应值,记入表 2.2.4 中。

表 2.2.4 74LS20 传输特性测试数据

v_i(V)	0	0.2	0.4	0.6	0.8	1.0	1.5	2.0	2.5	3.0	3.5	4.0	…
v_o(V)													

五、实验报告

(1) 记录、整理实验结果,并对结果进行分析。

(2) 画出实测的电压传输特性曲线,并从中读出各有关参数值。

六、实验思考题

(1) 测量扇出系数 N_o 的原理是什么?为什么计算中只考虑输出低电平时的负载电流值,而不考虑输出高电平时的负载电流值?

(2) 若用一只异或门实现非逻辑,电路如何接?

实验三　用 SSI 设计组合电路

一、实验目的

掌握组合逻辑电路的设计与测试方法。

二、实验仪器与设备

序号	名称	数量	备注	序号	名称	数量	备注
1	数字电路实验装置	1		3	万用表	1	
2	示波器	1					

三、实验原理及参考电路

1. 参考电路设计的一般步骤

使用小规模集成电路(SSI)进行组合电路设计的一般步骤如图 2.3.1 所示。

（1）根据任务要求列出真值表。

（2）通过化简得出最简逻辑函数表达式。

（3）选择标准器件实现此逻辑函数。

逻辑化简是组合逻辑设计的关键步骤之一，为了使电路结构简单和使用器件较少，往往要求逻辑表达式尽可能简化。由于实际使用时要考虑电路的工作速度和稳定可靠等因素，在较复杂的电路中，还要求逻辑清晰易懂，所以最简设计不一定是最佳的。但一般说

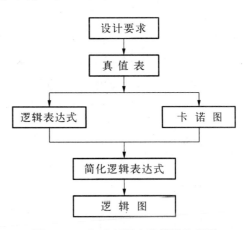

图 2.3.1　组合逻辑电路设计流程图

来，在保证速度、稳定可靠与逻辑清楚的前提下，尽量使用最少的器件，以降低成本，是逻辑设计者的任务。

2. 组合逻辑电路设计举例

用"与非"门设计一个表决电路。当四个输入端中有三个或四个为"1"时，输出端才为"1"。

设计步骤：根据题意列出真值表如表 2.3.1 所示，再填入卡诺图表 2.3.2 中。

表 2.3.1　表决器真值表

D	0	0	0	0	0	0	0	0	1	1	1	1	1	1	1	1
A	0	0	0	0	1	1	1	1	0	0	0	0	1	1	1	1
B	0	0	1	1	0	0	1	1	0	0	1	1	0	0	1	1
C	0	1	0	1	0	1	0	1	0	1	0	1	0	1	0	1
Z	0	0	0	0	0	0	1	0	0	0	0	1	0	1	1	1

表 2.3.2　表决器卡诺图

BC \ DA	00	01	11	10
00				
01			1	
11		1	1	1
10			1	

由卡诺图得出逻辑表达式，并演化成"与非"的形式：

$$Z = ABC + BCD + ACD + ABD = \overline{\overline{ABC} \cdot \overline{BCD} \cdot \overline{ACD} \cdot \overline{ABC}}$$

根据逻辑表达式画出用"与非门"构成的逻辑电路如图 2.3.2 所示。

用实验验证逻辑功能。

在实验装置适当位置选定三个 14P 插座，按照集成块定位标记插好集成块 CC4012。

按图 2.3.2 接线，输入端 A、B、C、D 接至逻辑开关输出插口，输出端 Z 接逻辑电平显示输入插口，按真值表（自拟）要求，逐次改变输入变量，测量相应的输出值，验证逻辑功能，与表 2.3.1 进行比较，验证所设计的逻辑电路是否符合要求。

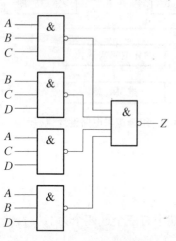

图 2.3.2　表决电路逻辑图

四、实验内容

（1）设计一个四人无弃权表决电路（多数赞成则提议通过），要求用 2 输入四与非门来实现

（如果资源不够可以使用 74LS04 或 74LS20 的资源）。

（2）设计一个保险箱的数字代码锁，该锁有规定的 4 位代码 A_1、A_2、A_3、A_4 的输入端和一个开箱钥匙孔信号 E 的输入端，锁的代码由实验者自编（例如 1011）。当用钥匙开箱时（$E=1$），如果输入代码符合该锁规定代码，保险箱被打开（$Z_1=1$）；如果不符，电路将发出报警信号（$Z_2=1$）。要求使用最少数量的与非门实现电路，检测并记录实验结果。

提示：实验时锁被打开或报警可以分别使用两个发光二极管指示电路显示示意。除不同代码需要使用的反相器外，最简设计仅需使用 5 个与非门。

（3）设计三变量多输出逻辑电路。有 A、B、C 三台设备，由 F 和 G 两台发电机供电，每台设备用电均 10 kW，F 发电机机组可提供 10 kW，G 发电机机组可提供 20 kW，三台设备工作情况是，三台可同时工作，或任意二台同时工作，但至少有任意一台在工作，试设计发电机组的供电控制电路，使其能根据三台设备不同的工作情况分别控制二台发电机组的开机与停机，达到既能保证设备的正常工作，又能节省电能的目的。要求：用任选门电路实现该控制电路。

（4）使用与非门设计一个十字交叉路口的红绿灯控制电路，检测所设计电路的功能，记录测试结果。图 2.3.3 是交叉路口的示意图，图中 A、B 方向是主通道，C、D 方向是次通道，在 A、B、C、D 四道口附近各装有车辆传感器，当有车辆出现时，相应的传感器将输出信号 1。红绿灯点亮的规则如下：

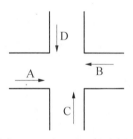

图 2.3.3 交叉路口的示意图

① A、B 方向绿灯亮的条件：
   a. A、B、C、D 均无传感信号；
   b. A、B 均有传感信号；
   c. A 或 B 有传感信号，而 C 和 D 不是全有传感信号。

② C、D 方向绿灯亮的条件：
   a. C、D 均有传感信号，而 A 和 B 不是全有传感信号；
   b. C 或 D 有传感信号，而 A 和 B 均无传感信号。

五、实验报告要求

（1）写出任务的设计过程（包括叙述有关设计技巧），画出设计电路图。
（2）记录检测结果，并进行分析。

六、实验思考题

有同学用完好的 7412（OC 门）代替 74LS10 组装实验电路，发现无输出，试分析原因。7412 外引线排列与 74LS10 相同。

实验四 MSI 组合功能件的应用

一、实验目的

(1) 掌握中规模集成数据选择器的逻辑功能及使用方法。
(2) 学习用数据选择器构成组合逻辑电路的方法。

二、实验仪器与设备

序号	名称	数量	备注	序号	名称	数量	备注
1	数字电路实验装置	1		3	万用表	1	
2	示波器	1					

三、实验原理及参考电路

数据选择器又叫"多路开关"。数据选择器在地址码(或叫选择控制)电位的控制下,从几个数据输入中选择一个并将其送到一个公共的输出端。数据选择器的功能类似一个多掷开关,如图 2.4.1 所示,图中有四路数据 $D_0 \sim D_3$,通过选择控制信号 A_1、A_0(地址码)从四路数据中选中某一路数据送至输出端 Q。

数据选择器为目前逻辑设计中应用十分广泛的逻辑部件,它有 2 选 1、4 选 1、8 选 1、16 选 1 等类别。

数据选择器的电路结构一般由与或门阵列组成,也有用传输门开关和门电路混合而成的。

1. 八选一数据选择器 74LS151

74LS151 为互补输出的 8 选 1 数据选择器,引脚排列如图 2.4.2 所示,功能如表 2.4.1 所示。

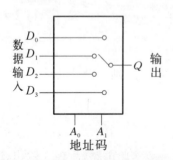

图 2.4.1 4 选 1 数据选择器示意图

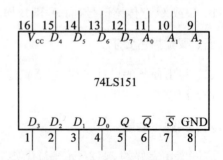

图 2.4.2 74LS151 引脚排列

表 2.4.1 74LS151 功能表

输		入		输	出	输		入		输	出
$\bar{S}$	A_2	A_1	A_0	Q	$\bar{Q}$	$\bar{S}$	A_2	A_1	A_0	Q	$\bar{Q}$
1	×	×	×	0	1	0	1	0	0	D_4	$\bar{D}_4$
0	0	0	0	D_0	$\bar{D}_0$	0	1	0	1	D_5	$\bar{D}_5$
0	0	0	1	D_1	$\bar{D}_1$	0	1	1	0	D_6	$\bar{D}_6$
0	0	1	0	D_2	$\bar{D}_2$	0	1	1	1	D_7	$\bar{D}_7$
0	0	1	1	D_3	$\bar{D}_3$						

选择控制端(地址端)为 $A_2 \sim A_0$,按二进制译码,从 8 个输入数据 $D_0 \sim D_7$ 中,选择一个需要的数据送到输出端 Q,$\bar{S}$ 为使能端,低电平有效。

(1) 使能端 $\bar{S} = 1$ 时,不论 $A_2 \sim A_0$ 状态如何,均无输出($Q = 0$,$\bar{Q} = 1$),多路开关被禁止。

(2) 使能端 $\bar{S} = 0$ 时,多路开关正常工作,根据地址码 A_2、A_1、A_0 的状态选择 $D_0 \sim D_7$ 中某一个通道的数据输送到输出端 Q。

如 $A_2 A_1 A_0 = 000$,则选择 D_0 数据到输出端,即 $Q = D_0$。

如 $A_2 A_1 A_0 = 001$,则选择 D_1 数据到输出端,即 $Q = D_1$,其余以此类推。

2. 双四选一数据选择器 74LS153

所谓双 4 选 1 数据选择器就是在一块集成芯片上有两个 4 选 1 数据选择器。引脚排列如图 2.4.3 所示,功能如表 2.4.2 所示。

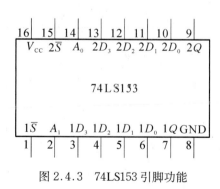

图 2.4.3 74LS153 引脚功能

表 2.4.2 74LS153 功能表

输	入		输出
$\bar{S}$	A_1	A_0	Q
1	×	×	0
0	0	0	D_0
0	0	1	D_1
0	1	0	D_2
0	1	1	D_3

$1\bar{S}$、$2\bar{S}$ 为两个独立的使能端;A_1、A_0 为公用的地址输入端;$1D_0 \sim 1D_3$ 和 $2D_0 \sim 2D_3$ 分别为两个 4 选 1 数据选择器的数据输入端;Q_1、Q_2 为两个输出端。

(1) 当使能端 $1\bar{S}(2\bar{S}) = 1$ 时,多路开关被禁止,无输出,$Q = 0$。

(2) 当使能端 $1\bar{S}(2\bar{S}) = 0$ 时,多路开关正常工作,根据地址码 A_1、A_0 的状态,将相应的数据 $D_0 \sim D_3$ 送到输出端 Q。

如 $A_1A_0 = 00$,则选择 D_0 数据到输出端,即 $Q = D_0$。

如 $A_1A_0 = 01$,则选择 D_1 数据到输出端,即 $Q = D_1$,其余以此类推。

数据选择器的用途很多,例如,多通道传输,数码比较,并行码变串行码,以及实现逻辑函数等。

3. 数据选择器的应用——实现逻辑函数

例1:用 8 选 1 数据选择器 74LS151 实现函数

$$F = A\bar{B} + \bar{A}C + B\bar{C}$$

采用 8 选 1 数据选择器 74LS151 可实现任意三输入变量的组合逻辑函数。

作出函数 F 的功能表,如表 2.4.3 所示,将函数 F 功能表与 8 选 1 数据选择器的功能表相比较,可知:

(1) 将输入变量 C、B、A 作为 8 选 1 数据选择器的地址码 A_2、A_1、A_0。

(2) 使 8 选 1 数据选择器的各数据输入 $D_0 \sim D_7$ 分别与函数 F 的输出值一一对应。即

$A_2A_1A_0 = CBA$

$D_0 = D_7 = 0$

$D_1 = D_2 = D_3 = D_4 = D_5 = D_6 = 1$

则 8 选 1 数据选择器的输出 Q 便实现了函数

$$F = A\bar{B} + \bar{A}C + B\bar{C}$$

接线图如图 2.4.4 所示。

表 2.4.3 函数 F 的功能表

输入			输出
C	B	A	F
0	0	0	0
0	0	1	1
0	1	0	1
0	1	1	1
1	0	0	1
1	0	1	1
1	1	0	1
1	1	1	0

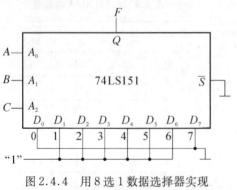

图 2.4.4 用 8 选 1 数据选择器实现 $F = A\bar{B} + \bar{A}C + B\bar{C}$

显然,采用具有 n 个地址端的数据选择实现 n 变量的逻辑函数时,应将函数的输入变量加到数据选择器的地址端(A),选择器的数据输入端(D)按次序以函

数 F 输出值来赋值。

例2：用8选1数据选择器74LS151实现函数 $F = A\bar{B} + \bar{A}B$。

（1）列出函数 F 的功能表如表2.4.4所示。

（2）将 A、B 加到地址端 A_1、A_0，而 A_2 接地，由表2.4.4可见，将 D_1、D_2 接"1"及 D_0、D_3 接地，其余数据输入端 $D_4 \sim D_7$ 都接地，则8选1数据选择器的输出 Q，便实现了函数

$$F = A\bar{B} + B\bar{A}$$

接线图如图2.4.5所示。

表 2.4.4　函数功能表

B	A	F
0	0	0
0	1	1
1	0	1
1	1	0

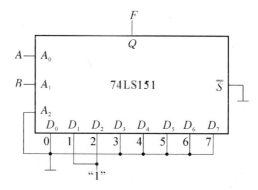

图2.4.5　8选1数据选择器实现 $F = A\bar{B} + \bar{A}B$ 的接线图

显然，当函数输入变量数小于数据选择器的地址端(A)时，应将不用的地址端及不用的数据输入端(D)都接地。

例3：用4选1数据选择器74LS153实现函数

$$F = \bar{A}BC + A\bar{B}C + AB\bar{C} + ABC$$

函数 F 的功能如表2.4.5所示。

函数 F 有三个输入变量 A、B、C，而数据选择器有两个地址端 A_1、A_0 少于函数输入变量个数，在设计时可任选 A 接 A_1，B 接 A_0。将函数功能表改画成图2.4.6形式，可见，当将输入变量 A、B、C 中 A、B 接选择器的地址端 A_1、A_0 时，由表2.4.6不难看出：

$$D_0 = 0, \quad D_1 = D_2 = C, \quad D_3 = 1$$

则4选1数据选择器的输出，便实现了函数

表 2.4.5　函数功能表

输	入		输 出
A	B	C	F
0	0	0	0
0	0	1	0
0	1	0	0
0	1	1	1
1	0	0	0
1	0	1	1
1	1	0	1
1	1	1	1

$F = \bar{A}BC + A\bar{B}C + AB\bar{C} + ABC$，接线图如图 2.4.6 所示。

表 2.4.6 函数功能表

输入			输出	中选数据端
A	B	C	F	
0	0	0	0	$D_0 = 0$
		1	0	
0	1	0	0	$D_1 = C$
		1	1	
1	0	0	0	$D_2 = C$
		1	1	
1	1	0	1	$D_3 = 1$
		1	1	

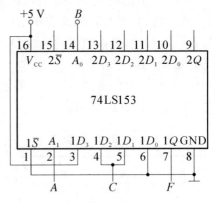

图 2.4.6 用 4 选 1 数据选择器实现 $F = \bar{A}BC + A\bar{B}C + AB\bar{C} + ABC$

当函数输入变量大于数据选择器地址端（A）时，可能随着选用函数输入变量作地址的方案不同，而使其设计结果不同，需对几种方案比较，以获得最佳方案。

四、实验内容

1. 测试数据选择器 74LS151 的逻辑功能

接图 2.4.7 接线，地址端 A_2、A_1、A_0、数据端 $D_0 \sim D_7$、使能端 $\bar{S}$ 接逻辑开关，输出端 Q 接逻辑电平显示器，按 74LS151 功能表逐项进行测试，记录测试结果。

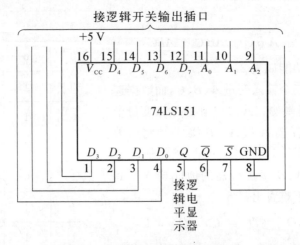

图 2.4.7 74LS151 逻辑功能测试

2. 用双 4 选 1 数据选择器 74LS153 实现 8 选 1 和全加器
(1) 写出设计过程。
(2) 画出接线图(图 2.4.8、图 2.4.9)。

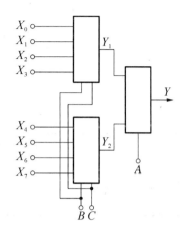

图 2.4.8 实现 8 选 1 选择器功能

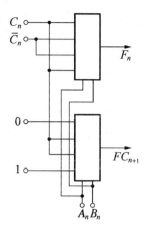

图 2.4.9 实现全加器逻辑功能

(3) 验证逻辑功能。

利用一个 4 选 1 数据选择器和最少数量的与非门,设计一个符合输血—受血规则的 4 输入 1 输出电路。检测所设计电路的逻辑功能。

人类有四种基本血型——A、B、AB 和 O 型。输血者与受血者的血型必须符合下述规则:

O 型血可以输给任意血型的人,但 O 型血只能接受 O 型血;AB 型只能输给 AB 血型的人,但 AB 血型的人能接受所有血型的血;A 型血能输给 A 血型和 AB 血型的人,而 A 血型的人能接受 A 型血和 O 型血;B 型血能输给 B 型血和 AB 血型的人,而 B 血型的人能接受 B 型血和 O 型血(图2.4.10)。

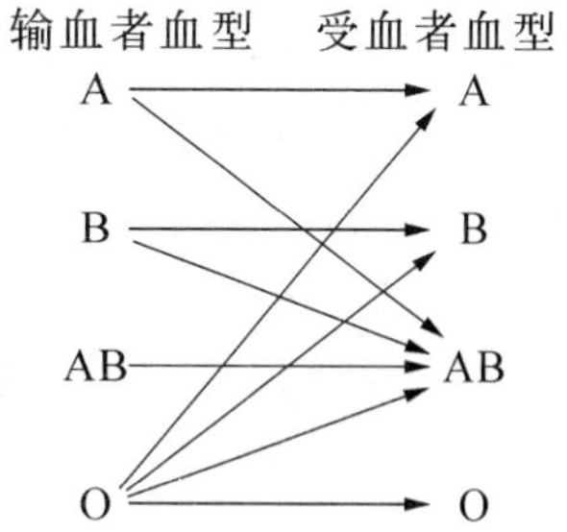

图 2.4.10 输血者血型与受血者血型关系示意图

五、实验报告要求

用数据选择器对实验内容进行设计、写出设计全过程,画出接线图,进行逻辑功能测试;总结实验收获、体会。

六、实验思考题

怎样用 4 选 1 的数选器构成 16 选 1 的数选器。

实验五 译码与显示电路

一、实验目的

(1) 掌握中规模集成译码器的逻辑功能和使用方法。
(2) 熟悉数码管的使用。

二、实验仪器与设备

序号	名称	数量	备注	序号	名称	数量	备注
1	数字电路实验装置	1		3	万用表	1	
2	示波器	1					

三、实验原理及参考电路

译码器是一个多输入、多输出的组合逻辑电路。它的作用是把给定的代码进行"翻译",变成相应的状态,使输出通道中相应的一路有信号输出。译码器在数字系统中有广泛的用途,不仅用于代码的转换、终端的数字显示,还用于数据分配、存贮器寻址和组合控制信号等。不同的功能可选用不同种类的译码器。

译码器可分为通用译码器和显示译码器两大类。前者又分为变量译码器和代码变换译码器。

1. 变量译码器(又称二进制译码器)

变量译码器是,用以表示输入变量的状态,如2线—4线、3线—8线和4线—16线译码器。若有 n 个输入变量,则有 2^n 个不同的组合状态,就有 2^n 个输出端供其使用。而每一个输出所代表的函数对应于 n 个输入变量的最小项。

以3线—8线译码器74LS138为例进行分析,图2.5.1(a)、(b)分别为其逻辑图及引脚排列。

其中,A_2、A_1、A_0 为地址输入端,$\overline{Y}_0 \sim \overline{Y}_7$ 为译码输出端,S_1、$\bar{S}_2$、$\bar{S}_3$ 为使能端。

表2.5.1为74LS138功能表。

当 $S_1 = 1$,$\bar{S}_2 + \bar{S}_3 = 0$ 时,器件使能,地址码所指定的输出端有信号(为0)输出,其他所有输出端均无信号(全为1)输出。当 $S_1 = 0$,$\bar{S}_2 + \bar{S}_3 = X$ 时,或 $S_1 = X$,$\bar{S}_2 + \bar{S}_3 = 1$ 时,译码器被禁止,所有输出同时为1。

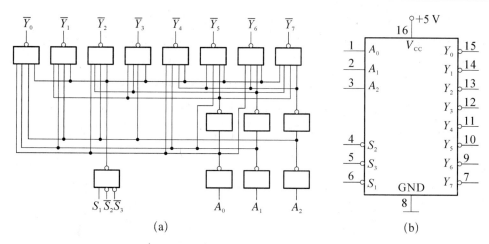

图 2.5.1　3 线—8 线译码器 74LS138 逻辑图及引脚排列

表 2.5.1　74LS138 功能表

输入					输出							
S_1	$\bar{S}_2 + \bar{S}_3$	A_2	A_1	A_0	$\bar{Y}_0$	$\bar{Y}_1$	$\bar{Y}_2$	$\bar{Y}_3$	$\bar{Y}_4$	$\bar{Y}_5$	$\bar{Y}_6$	$\bar{Y}_7$
1	0	0	0	0	0	1	1	1	1	1	1	1
1	0	0	0	1	1	0	1	1	1	1	1	1
1	0	0	1	0	1	1	0	1	1	1	1	1
1	0	0	1	1	1	1	1	0	1	1	1	1
1	0	1	0	0	1	1	1	1	0	1	1	1
1	0	1	0	1	1	1	1	1	1	0	1	1
1	0	1	1	0	1	1	1	1	1	1	0	1
1	0	1	1	1	1	1	1	1	1	1	1	0
0	×	×	×	×	1	1	1	1	1	1	1	1
×	1	×	×	×	1	1	1	1	1	1	1	1

二进制译码器实际上也是负脉冲输出的脉冲分配器。若利用使能端中的一个输入端输入数据信息,器件就成为一个数据分配器(又称多路分配器),如图 2.5.2 所示。若在 S_1 输入端输入数据信息,$\bar{S}_2 = \bar{S}_3 = 0$,地址码所对应的输出是 S_1 数据

信息的反码;若从 $\bar{S}_2$ 端输入数据信息,令 $S_1 = 1$、$\bar{S}_3 = 0$,地址码所对应的输出就是 $\bar{S}_2$ 端数据信息的原码。若数据信息是时钟脉冲,则数据分配器便成为时钟脉冲分配器。

根据输入地址的不同组合译出唯一地址,故可用作地址译码器。接成多路分配器,可将一个信号源的数据信息传输到不同的地点。

二进制译码器还能方便地实现逻辑函数,如图 2.5.3 所示,实现的逻辑函数是
$$Z = \bar{A}\,\bar{B}\,\bar{C} + \bar{A}B\bar{C} + A\bar{B}\,\bar{C} + ABC$$

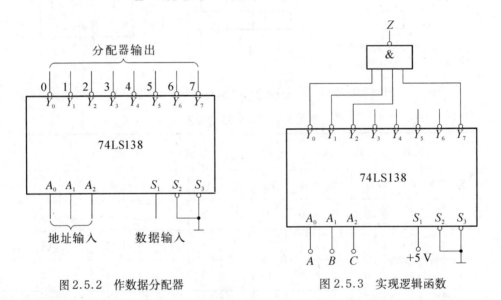

图 2.5.2 作数据分配器　　　　图 2.5.3 实现逻辑函数

利用使能端能方便地将两个 3/8 译码器组合成一个 4/16 译码器,如图 2.5.4 所示。

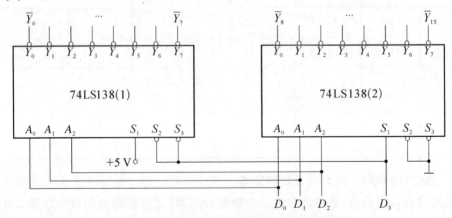

图 2.5.4 用两片 74LS138 组合成 4/16 译码器

2. 数码显示译码器

(1) 七段发光二极管(LED)数码管。

LED 数码管是目前最常用的数字显示器,图 2.5.5(a)、(b)为共阴管和共阳管的电路,(c)为两种不同出线形式的引出脚功能图。

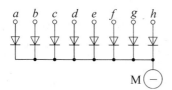
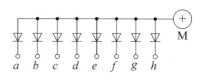

(a) 共阴连接("1"电平驱动)　　　　(b) 共阳连接("0"电平驱动)

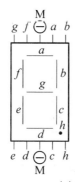
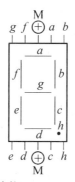

(c) 符号及引脚功能

图 2.5.5　LED 数码管

一个 LED 数码管可用来显示一位 0~9 十进制数和一个小数点。小型数码管(0.5 英寸和 0.36 英寸)每段发光二极管的正向压降,随显示光(通常为红、绿、黄、橙色)的颜色不同略有差别,通常约为 2~2.5 V,每个发光二极管的点亮电流在 5~10 mA。LED 数码管要显示 BCD 码所表示的十进制数字就需要有一个专门的译码器,该译码器不但要完成译码功能,还要有相当的驱动能力。

(2) BCD 码七段译码驱动器。

此类译码器型号有 74LS47(共阳)、74LS48(共阴)、CC4511(共阴)等,本实验系采用 CC4511 BCD 码锁存/七段译码/驱动器。驱动共阴极 LED 数码管。

图 2.5.6 为 CC4511 引脚排列,其中,A、B、C、D——BCD 码输入端。

a、b、c、d、e、f、g 为译码输出端,输出

图 2.5.6　CC4511 引脚排列

"1"有效,用来驱动共阴极 LED 数码管。

$\overline{LT}$——测试输入端,$\overline{LT}$ = "0"时,译码输出全为"1"。

$\overline{BI}$——消隐输入端,$\overline{BI}$ = "0"时,译码输出全为"0"。

LE——锁定端,LE = "1"时译码器处于锁定(保持)状态,译码输出保持在 $LE = 0$ 时的数值,$LE = 0$ 为正常译码。

表 2.5.2 为 CC4511 功能表。CC4511 内接有上拉电阻,故只需在输出端与数码管笔段之间串入限流电阻即可工作。译码器还有拒伪码功能,当输入码超过 1001 时,输出全为"0",数码管熄灭。

表 2.5.2 CC4511 功能表

输入							输出							显示字形
LE	$\overline{BI}$	$\overline{LT}$	D	C	B	A	a	b	c	d	e	f	g	
×	×	0	×	×	×	×	1	1	1	1	1	1	1	8
×	0	1	×	×	×	×	0	0	0	0	0	0	0	消隐
0	1	1	0	0	0	0	1	1	1	1	1	1	0	0
0	1	1	0	0	0	1	0	1	1	0	0	0	0	1
0	1	1	0	0	1	0	1	1	0	1	1	0	1	2
0	1	1	0	0	1	1	1	1	1	1	0	0	1	3
0	1	1	0	1	0	0	0	1	1	0	0	1	1	4
0	1	1	0	1	0	1	1	0	1	1	0	1	1	5
0	1	1	0	1	1	0	0	0	1	1	1	1	1	6
0	1	1	0	1	1	1	1	1	1	0	0	0	0	7
0	1	1	1	0	0	0	1	1	1	1	1	1	1	8
0	1	1	1	0	0	1	1	1	1	0	0	1	1	9
0	1	1	1	0	1	0	0	0	0	0	0	0	0	消隐
0	1	1	1	0	1	1	0	0	0	0	0	0	0	消隐
0	1	1	1	1	0	0	0	0	0	0	0	0	0	消隐

续表

输入						输出							显示字形
LE	$\overline{BI}$	$\overline{LT}$	D	C	B	A	a	b	c	d	e	f	g	
0	1	1	1	1	0	1	0	0	0	0	0	0	0	消隐
0	1	1	1	1	1	0	0	0	0	0	0	0	0	消隐
0	1	1	1	1	1	1	0	0	0	0	0	0	0	消隐
1	1	1	×	×	×	×	锁			存				锁存

在本数字电路实验装置上已完成了译码器 CC4511 和数码管 BS202 之间的连接。实验时,只要接通 +5 V 电源和将十进制数的 BCD 码接至译码器的相应输入端 A、B、C、D 即可显示 $0 \sim 9$ 的数字。四位数码管可接收四组 BCD 码输入。CC4511 与 LED 数码管的连接如图 2.5.7 所示。

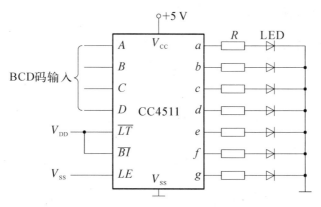

图 2.5.7　CC4511 驱动一位 LED 数码管

四、实验内容

1. 数据拨码开关的使用

将实验装置上的四组拨码开关的输出 A_i、B_i、C_i、D_i 分别接至 4 组显示译码/驱动器 CC4511 的对应输入口,LE、$\overline{BI}$、$\overline{LT}$ 接至三个逻辑开关的输出插口,接上 +5 V 显示器的电源,然后按功能表 2.5.2 输入的要求揿动四个数码的增减键("+"与"-"键)和操作与 LE、$\overline{BI}$、$\overline{LT}$ 对应的三个逻辑开关,观测拨码盘上的四位数与 LED 数码管显示的对应数字是否一致,以及译码显示是否正常。

2. 74LS138 译码器逻辑功能测试

将译码器使能端 S_1、$\overline{S_2}$、$\overline{S_3}$ 及地址端 A_2、A_1、A_0 分别接至逻辑电平开关输出口，八个输出端 $\overline{Y_7}\cdots\overline{Y_0}$ 依次连接在逻辑电平显示器的八个输入口上，拨动逻辑电平开关，按表 2.5.1 逐项测试 74LS138 的逻辑功能。

3. 用 74LS138 构成时序脉冲分配器

参照图 2.5.2 和实验原理说明，时钟脉冲 CP 频率约为 10 kHz，要求分配器输出端 $\overline{Y_0}\cdots\overline{Y_7}$ 的信号与 CP 输入信号同相。

画出分配器的实验电路，用示波器观察和记录在地址端 A_2、A_1、A_0 分别取 000~111 八种不同状态时 $\overline{Y_0}\cdots\overline{Y_7}$ 端的输出波形，注意输出波形与 CP 输入波形之间的相位关系。

五、实验报告

画出实验线路，把观察到的波形画在坐标纸上，并标上对应的地址码。对实验结果进行分析、讨论。

六、实验思考题

如何用两片 74LS138 组合成一个 4 线—16 线译码器？

实验六 触发器 RS、D、JK

一、实验目的

(1) 掌握基本 RS、JK、D 和 T 触发器的逻辑功能。
(2) 掌握集成触发器的逻辑功能及使用方法。
(3) 熟悉触发器之间相互转换的方法。

二、实验仪器与设备

序号	名称	数量	备注	序号	名称	数量	备注
1	数字电路实验装置	1		3	万用表	1	
2	示波器	1					

三、实验原理及参考电路

触发器具有两个稳定状态,用以表示逻辑状态"1"和"0",在一定的外界信号作用下,可以从一个稳定状态翻转到另一个稳定状态,它是一个具有记忆功能的二进制信息存贮器件,是构成各种时序电路的最基本逻辑单元。

1. 基本 RS 触发器

图 2.6.1 为由两个与非门交叉耦合构成的基本 RS 触发器,它是无时钟控制低电平直接触发的触发器。基本 RS 触发器具有置"0"、置"1"和"保持"三种功能。通常称 $\bar{S}$ 为置"1"端,因为 $\bar{S}=0(\bar{R}=1)$ 时触发器被置"1";$\bar{R}$ 为置于"0"端,因为 $\bar{R}=0(\bar{S}=1)$ 时触发器被置于"0",当 $\bar{S}=\bar{R}=1$ 时状态保持;$\bar{S}=\bar{R}=0$ 时,触发器状态不稳定,应避免此种情况发生,表 2.6.1 为基本 RS 触发器的功能表。

表 2.6.1 基本 RS 触发器功能表

输	入	输	出
$\bar{S}$	$\bar{R}$	Q^{n+1}	$\bar{Q}^{n+1}$
0	1	1	0
1	0	0	1
1	1	Q^n	$\bar{Q}^n$
0	0	ϕ	ϕ

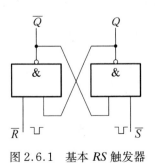

图 2.6.1 基本 RS 触发器

基本 RS 触发器。也可以用两个"或非门"组成,此时为高电平触发有效。

2. JK 触发器

在输入信号为双端的情况下,JK 触发器是功能完善、使用灵活和通用性较强的一种触发器。本实验采用 74LS112 双 JK 触发器,是下降边沿触发的边沿触发器。引脚功能及逻辑符号如图 2.6.2 所示。

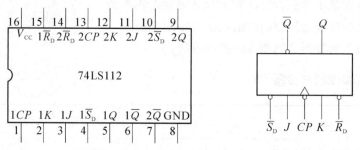

图 2.6.2　74LS112 双 JK 触发器引脚排列及逻辑符号

JK 触发器的状态方程为

$$Q^{n+1} = J\bar{Q}^n + \bar{K}Q^n$$

J 和 K 是数据输入端,是触发器状态更新的依据,若 J、K 有两个或两个以上输入端时,组成"与"的关系。Q 与 $\bar{Q}$ 为两个互补输出端。通常把 $Q = 0$、$\bar{Q} = 1$ 的状态定为触发器"0"状态;而把 $Q = 1$,$\bar{Q} = 0$ 定为"1"状态。

下降沿触发 JK 触发器的功能如表 2.6.2 所示。

表 2.6.2　JK 触发器功能表

输		入			输	出
$\bar{S}_D$	$\bar{R}_D$	CP	J	K	Q^{n+1}	$\bar{Q}^{n+1}$
0	1	×	×	×	1	0
1	0	×	×	×	0	1
0	0	×	×	×	φ	φ
1	1	↓	0	0	Q^n	$\bar{Q}^n$
1	1	↓	1	0	1	0
1	1	↓	0	1	0	1
1	1	↓	1	1	$\bar{Q}^n$	Q^n
1	1	↑	×	×	Q^n	$\bar{Q}^n$

注:×——任意态;↓——高到低电平跳变;↑——低到高电平跳变;Q^n($\bar{Q}^n$)——现态;Q^{n+1}($\bar{Q}^{n+1}$)——次态;φ——不定态。

JK 触发器常被用作缓冲存储器,移位寄存器和计数器。

3. D 触发器

在输入信号为单端的情况下,D 触发器用起来最为方便,其状态方程为 $Q^{n+1} = D^n$,其输出状态的更新发生在 CP 脉冲的上升沿,故又称为上升沿触发的边沿触发器,触发器的状态只取决于时钟到来前 D 端的状态,D 触发器的应用很广,可用作数字信号的寄存、移位寄存、分频和波形发生等。有很多种型号可供各种用途的需要选用。如双 D 74LS74、四 D 74LS175、六 D 74LS174 等。

图 2.6.3 所示为双 D 74LS74 的引脚排列及逻辑符号,功能如表 2.6.3 所示。

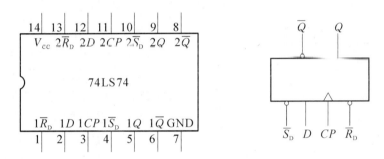

图 2.6.3　74LS74 引脚排列及逻辑符号

表 2.6.3　双 D 74LS74 功能表

输入				输出	
$\overline{S}_D$	$\overline{R}_D$	CP	D	Q^{n+1}	$\overline{Q}^{n+1}$
0	1	×	×	1	0
1	0	×	×	0	1
0	0	×	×	ϕ	ϕ
1	1	↑	1	1	0
1	1	↑	0	0	1
1	1	↓	×	Q^n	$\overline{Q}^n$

4. 触发器之间的相互转换

在集成触发器的产品中,每一种触发器都有自己固定的逻辑功能。但可以利用转换的方法获得具有其他功能的触发器。例如,将 JK 触发器的 J、K 两端连在一起,并认它为 T 端,就得到所需的 T 触发器。如图 2.6.4(a)所示,

其状态方程为

$$Q^{n+1} = T\bar{Q}^n + \bar{T}Q^n$$

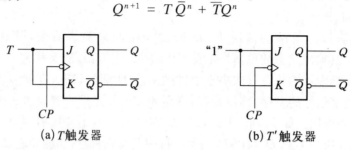

(a) T 触发器　　　　　　(b) T' 触发器

图 2.6.4　JK 触发器转换为 T、T' 触发器

表 2.6.4　T 触发器功能表

输入				输出
$\bar{S}_D$	$\bar{R}_D$	CP	T	Q^{n+1}
0	1	×	×	1
1	0	×	×	0
1	1	↓	0	Q^n
1	1	↓	1	$\bar{Q}^n$

T 触发器的功能如表 2.6.4 所示。

由功能表可见，当 $T=0$ 时，时钟脉冲作用后，其状态保持不变；当 $T=1$ 时，时钟脉冲作用后，触发器状态翻转。所以，若将 T 触发器的 T 端置于"1"，如图 2.6.4(b) 所示，即得 T' 触发器。在 T' 触发器的 CP 端每来一个 CP 脉冲信号，触发器的状态就翻转一次，故称之为反转触发器，广泛用于计数电路中。

同样，若将 D 触发器 $\bar{Q}$ 端与 D 端相连，便转换成 T' 触发器。如图 2.6.5 所示。

JK 触发器也可转换为 D 触发器，如图 2.6.6 所示。

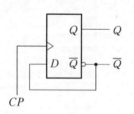

图 2.6.5　D 转成 T'

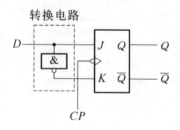

图 2.6.6　JK 转成 D

5. CMOS 触发器

(1) CMOS 边沿型 D 触发器。

CC4013 是由 CMOS 传输门构成的边沿型 D 触发器。它是上升沿触发的双 D 触发器，表 2.6.5 为其功能表，图 2.6.7 为引脚排列。

(2) CMOS 边沿型 JK 触发器。

CC4027 是由 CMOS 传输门构成的边沿型 JK 触发器，它是上升沿触发的双 JK 触发器，表 2.6.6 为其功能表，图 2.6.8 为引脚排列。

表 2.6.5 D 触发器功能表

S	R	CP	D	Q^{n+1}	S	R	CP	D	Q^{n+1}
1	0	×	×	1	0	0	↓	×	Q^n
0	1	×	×	0	0	0	↑	0	0
1	1	×	×	φ	0	0	↓	×	Q^n

表 2.6.6 JK 触发器功能表

S	R	CP	J	K	Q^{n+1}
1	0	×	×	×	1
0	1	×	×	×	0
1	1	×	×	×	φ
0	0	↑	0	0	Q^n
0	0	↑	1	0	1
0	0	↑	0	1	0
0	0	↑	1	1	$\overline{Q}^n$
0	0	↓	×	×	Q^n

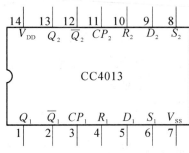

图 2.6.7 双上升沿 D 触发器

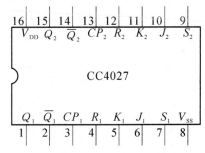

图 2.6.8 双上升沿 J-K 触发器

CMOS 触发器的直接置位、复位输入端 S 和 R 是高电平有效,当 $S=1$(或 $R=1$)时,触发器将不受其他输入端所处状态的影响,使触发器直接置 1(或置于 0)。但直接置位、复位输入端 S 和 R 必须遵守 $RS=0$ 的约束条件。CMOS 触发器在按逻辑功能工作时,S 和 R 必须均置于 0。

四、实验内容

1. 测试基本 RS 触发器的逻辑功能

按图 2.6.1,用两个与非门组成基本 RS 触发器,输入端 $\overline{R}$、$\overline{S}$ 接逻辑开关的输出插口,输出端 Q、$\overline{Q}$ 接逻辑电平显示输入插口,按表 2.6.7 要求测试,记录之。

表 2.6.7 RS 触发器逻辑功能测试

$\overline{R}$	$\overline{S}$	Q	$\overline{Q}$
1	1→0		
1	0→1		
1→0	1		
0→1	1		
0	0		

2. 测试双 JK 触发器 74LS112 逻辑功能

(1) 测试 $\overline{R}_D$、$\overline{S}_D$ 的复位、置位功能。

任取一只 JK 触发器,$\overline{R}_D$、$\overline{S}_D$、J、K 端接逻辑开关输出插口,CP 端接单次脉冲源,Q、$\overline{Q}$ 端接至逻辑电平显示输入插口。要求改变 $\overline{R}_D$、$\overline{S}_D$(J、K、CP 处于任意状态),并在 $\overline{R}_D=0$($\overline{S}_D=1$)或 $\overline{S}_D=0$($\overline{R}_D=1$)作用期间任意改变 J、K 及 CP 的状态,观察 Q、$\overline{Q}$ 状态。自拟表格并记录之。

(2) 测试 JK 触发器的逻辑功能。

按表 2.6.8 的要求改变 J、K、CP 端状态,观察 Q、$\overline{Q}$ 状态变化,观察触发器状态更新是否发生在 CP 脉冲的下降沿(即 CP 由 1→0),记录之。

(3) 将 JK 触发器的 J、K 端连在一起,构成 T 触发器。

在 CP 端输入 1 Hz 连续脉冲,观察 Q 端的变化。

在 CP 端输入 1 kHz 连续脉冲,用双踪示波器观察 CP、Q、$\overline{Q}$ 端波形,注意相位关系,描绘之。

表 2.6.8　JK 触发器逻辑功能测试

J	K	CP	Q^{n+1}	
			$Q^n = 0$	$Q^n = 1$
0	0	0→1		
		1→0		
0	1	0→1		
		1→0		
1	0	0→1		
		1→0		
1	1	0→1		
		1→0		

3. 测试双 D 触发器 74LS74 的逻辑功能

(1) 测试 $\overline{R}_D$、$\overline{S}_D$ 的复位、置位功能。

测试方法同实验内容 2—(1),自拟表格记录。

(2) 测试 D 触发器的逻辑功能。

按表 2.6.9 要求进行测试,并观察触发器状态更新是否发生在 CP 脉冲的上升沿(即由 0→1),记录之。

表 2.6.9　D 触发器逻辑功能测试

D	CP	Q^{n+1}	
		$Q^n = 0$	$Q^n = 1$
0	0→1		
	1→0		
1	0→1		
	1→0		

(3) 将 D 触发器的 $\overline{Q}$ 端与 D 端相连接,构成 T' 触发器。

测试方法同实验内容 2—(3),记录之。

4. 双相时钟脉冲电路

用 JK 触发器及与非门构成的双相时钟脉冲电路如图 2.6.9 所示,此电路是用来将时钟脉冲 CP 转换成两相时钟脉冲 CP_A 及 CP_B,其频率相同、相位不同。

分析电路工作原理,并按图 2.6.9 接线,用双踪示波器同时观察 CP、CP_A;CP、CP_B 及 CP_A、CP_B 波形,并描绘之。

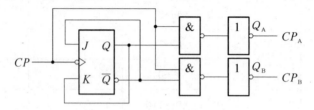

图 2.6.9 双相时钟脉冲电路

5. 乒乓球练习电路

电路功能要求:模拟两名运动员在练球时,乒乓球能往返运转。

提示:采用双 D 触发器 74LS74 设计实验线路,两个 CP 端触发脉冲分别由两名运动员操作,两触发器的输出状态用逻辑电平显示器显示。

五、实验报告

(1) 列表整理各类触发器的逻辑功能。
(2) 总结观察到的波形,说明触发器的触发方式。
(3) 体会触发器的应用。
(4) 利用普通的机械开关组成的数据开关所产生的信号是否可作为触发器的时钟脉冲信号?为什么?是否可以用作触发器的其他输入端的信号?又是为什么?

六、实验思考题

为什么 TTL 集成触发器的直接置位、复位端不允许出现 $\overline{R}_D + \overline{S}_D = 0$ 的情况?

实验七 集成计数器及其应用

一、实验目的

(1) 学习用集成触发器构成计数器的方法。
(2) 掌握中规模集成计数器的使用及功能测试方法。
(3) 运用集成计数计构成 $1/N$ 分频器。

二、实验仪器与设备

序号	名称	数量	备注	序号	名称	数量	备注
1	数字电路实验装置	1		3	万用表	1	
2	示波器	1					

三、实验原理及参考电路

计数器是一个用以实现计数功能的时序部件,它不仅可用来计脉冲数,还常用作数字系统的定时、分频和执行数字运算以及其他特定的逻辑功能。

计数器种类很多。按构成计数器中的各触发器是否使用一个时钟脉冲源来分,有同步计数器和异步计数器。根据计数制的不同,分为二进制计数器、十进制计数器和任意进制计数器。根据计数的增减趋势,又分为加法、减法和可逆计数器。还有可预置数和可编程序功能计数器等等。目前,无论是 TTL 还是 CMOS 集成电路,都有品种较齐全的中规模集成计数器。使用者只要借助于器件手册提供的功能表和工作波形图以及引出端的排列,就能正确地运用这些器件。

1. 用 D 触发器构成异步二进制加/减计数器

图 2.7.1 是用四只 D 触发器构成的四位二进制异步加法计数器,它的连接特点是将每只 D 触发器接成 T' 触发器,再由低位触发器的 $\bar{Q}$ 端和高一位的 CP 端相连接。

若将图 2.7.1 稍加改动,即将低位触发器的 Q 端与高一位的 CP 端相连接,即构成了一个 4 位二进制减法计数器。

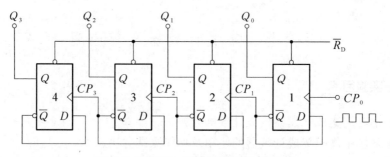

图 2.7.1 四位二进制异步加法计数器

2. 中规模十进制计数器

CC40192 是同步十进制可逆计数器,具有双时钟输入,并具有清除和置数等功能,其引脚排列及逻辑符号如图 2.7.2 所示。

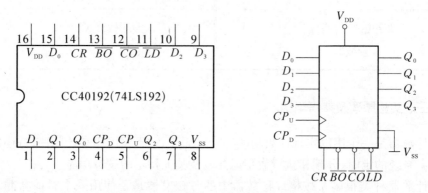

图 2.7.2 CC40192 引脚排列及逻辑符号

图中:$\overline{LD}$——置数端;

CP_U——加计数端;

CP_D——减计数端;

$\overline{CO}$——非同步进位输出端;

$\overline{BO}$——非同步借位输出端;

D_0、D_1、D_2、D_3——计数器输入端;

Q_0、Q_1、Q_2、Q_3——数据输出端;

CR——清除端。

CC40192(同 74LS192,两者可互换使用)的功能如表 2.7.1 所示,说明如下:

表 2.7.1 CC40192 计算器功能表

输入								输出			
CR	$\overline{LD}$	CP_U	CP_D	D_3	D_2	D_1	D_0	Q_3	Q_2	Q_1	Q_0
1	×	×	×	×	×	×	×	0	0	0	0
0	0	×	×	d	c	b	a	d	c	b	a
0	1	↑	1	×	×	×	×	加 计 数			
0	1	1	↑	×	×	×	×	减 计 数			

当清除端 CR 为高电平"1"时,计数器直接清零;CR 置于低电平则执行其他功能。

当 CR 为低电平,置数端 $\overline{LD}$ 也为低电平时,数据直接从置数端 D_0、D_1、D_2、D_3 置入计数器。

当 CR 为低电平、$\overline{LD}$ 为高电平时,执行计数功能。执行加计数时,减计数端 CP_D 接高电平,计数脉冲由 CP_U 输入;在计数脉冲上升沿进行 8421 码十进制加法计数。执行减计数时,加计数端 CP_U 接高电平,计数脉冲由减计数端 CP_D 输入,表 2.7.2 为 8421 码十进制加、减计数器的状态转换表。

表 2.7.2 8421 码十进制加减法计数器状态转换表

加法计数 →

输入脉冲数		0	1	2	3	4	5	6	7	8	9
输出	Q_3	0	0	0	0	0	0	0	0	1	1
	Q_2	0	0	0	0	1	1	1	1	0	0
	Q_1	0	0	1	1	0	0	1	1	0	0
	Q_0	0	1	0	1	0	1	0	1	0	1

← 减法计数

3. 计数器的级联使用

一个十进制计数器只能表示 0~9 十个数,为了扩大计数器范围,常用多个十进制计数器级联使用。

同步计数器往往设有进位(或借位)输出端,故可选用其进位(或借位)输出信号驱动下一级计数器。

图 2.7.3 是由 CC40192 利用进位输出 $\overline{CO}$ 控制高一位的 CP_U 端构成的加数级联图。

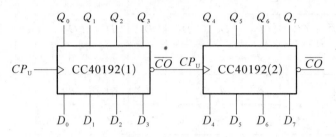

图 2.7.3 CC40192 级联电路

4．实现任意进制计数

(1) 用复位法获得任意进制计数器。

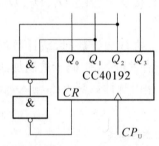

图 2.7.4 六进制计数器

假定已有 N 进制计数器，而需要得到一个 M 进制计数器时，只要 $M<N$，用复位法使计数器计数到 M 时置为"0"，即获得 M 进制计数器。如图 2.7.4 所示为一个由 CC40192 十进制计数器接成的 6 进制计数器。

(2) 利用预置功能获 M 进制计数器。

图 2.7.5 为用三个 CC40192 组成的 421 进制计数器。

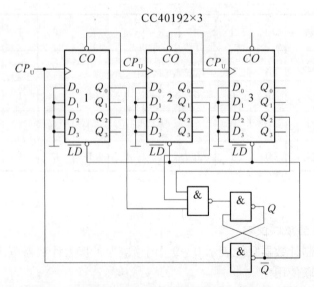

图 2.7.5 421 进制计数器

外加的由与非门构成的锁存器可以克服器件计数速度的离散性,保证在反馈置"0"信号作用下计数器可靠置于"0"。

图 2.7.6 是一个特殊 12 进制的计数器电路方案。在数字钟里,对时位的计数序列是 1、2、…11,12,1,…是 12 进制的,且无 0 数。如图所示,当计数到 13 时,通过与非门产生一个复位信号,使 CC40192(2)〔时十位〕直接置成 0000,而 CC40192(1),即时的个位直接置成 0001,从而实现了 1~12 计数。

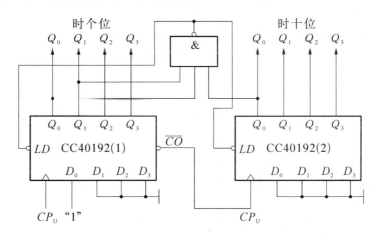

图 2.7.6　特殊 12 进制计数器

四、实验内容

1. 用 CC4013 或 74LS74 D 触发器构成 4 位二进制异步加法计数器。

(1) 按图 2.7.1 接线,$\overline{R}_D$ 接至逻辑开关输出插口,将低位 CP_0 端接单次脉冲源,输出端 Q_3、Q_2、Q_1、Q_0 接逻辑电平显示输入插口,各 $\overline{S}_D$ 接高电平"1"。

(2) 清零后,逐个送入单次脉冲,观察并列表记录 $Q_3 \sim Q_0$ 状态。

(3) 将单次脉冲改为 1 Hz 的连续脉冲,观察 $Q_3 \sim Q_0$ 的状态。

(4) 将 1 Hz 的连续脉冲改为 1 kHz,用双踪示波器观察 CP、Q_3、Q_2、Q_1、Q_0 端波形,描绘之。

(5) 将图 2.7.1 电路中的低位触发器的 Q 端与高一位的 CP 端相连接,构成减法计数器,按实验内容(2),(3),(4)进行实验,观察并列表记录 $Q_3 \sim Q_0$ 的状态。

2. 测试 CC40192 或 74LS192 同步十进制可逆计数器的逻辑功能。

计数脉冲由单次脉冲源提供,清除端 CR、置数端 $\overline{LD}$、数据输入端 D_3、D_2、D_1、D_0 分别接逻辑开关,输出端 Q_3、Q_2、Q_1、Q_0 接实验设备的一个译码显示输入相应插口 A、B、C、D;$\overline{CO}$ 和 $\overline{BO}$ 接逻辑电平显示插口。按表 2.7.1 逐项测试并判断该集成块的功能是否正常。

(1) 清除。

令 $CR=1$，其他输入为任意态，这时 $Q_3Q_2Q_1Q_0=0000$，译码数字显示为 0。清除功能完成后，置 $CR=0$。

(2) 置数。

$CR=0$、CP_U、CP_D任意，数据输入端输入任意一组二进制数，令 $\overline{LD}=0$，观察计数译码显示输出，预置功能是否完成，此后置 $\overline{LD}=1$。

(3) 加计数。

$CR=0$，$\overline{LD}=CP_D=1$，CP_U接单次脉冲源。清零后送入 10 个单次脉冲，观察译码数字显示是否按 8421 码十进制状态转换表进行；输出状态变化是否发生在 CP_U 的上升沿。

(4) 减计数。

$CR=0$，$\overline{LD}=CP_U=1$，CP_D接单次脉冲源。参照(3)进行实验。

3. 如图 2.7.3 所示，用两片 CC40192 组成两位十进制加法计数器，输入 1 Hz 连续计数脉冲，进行由 00~99 累加计数，记录之。

4. 将两位十进制加法计数器改为两位十进制减法计数器，实现由 99~00 递减计数，记录之。

5. 按图 2.7.4 所示电路进行实验，记录之。

6. 按图 2.7.5 或图 2.7.6 所示进行实验，记录之。

7. 设计一个数字钟移位 60 进制计数器并进行实验。

五、实验报告

(1) 画出实验线路图，记录、整理实验现象及实验所得的有关波形。对实验结果进行分析。

(2) 总结使用集成计数器的体会。

六、实验思考题

用中规模集成计数器构成 N 进制计数器的方法有哪几种？各有什么特点？

实验八 脉冲波形产生实验

一、实验目的

(1) 熟悉 555 型集成时基电路结构、工作原理及其特点。
(2) 掌握 555 型集成时基电路的基本应用。

二、实验仪器与设备

序号	名称	数量	备注	序号	名称	数量	备注
1	数字电路实验装置	1		3	万用表	1	
2	示波器	1					

三、实验原理及参考电路

集成时基电路又称为集成定时器或 555 电路,是一种数字、模拟混合型的中规模集成电路,应用十分广泛。它是一种产生时间延迟和多种脉冲信号的电路,由于内部电压标准使用了三个 5 kΩ 电阻,故取名 555 电路。其电路类型有双极型和 CMOS 型两大类,二者的结构与工作原理类似。几乎所有的双极型产品型号最后的三位数码都是 555 或 556;所有的 CMOS 产品型号最后四位数码都是 7555 或 7556,两者的逻辑功能和引脚排列完全相同,易于互换。555 和 7555 是单定时器。556 和 7556 是双定时器。双极型的电源电压 $V_{CC} = +5 \sim +15$ V,输出的最大电流可达 200 mA,CMOS 型的电源电压为 $+3 \sim +18$ V。

1. 555 电路的工作原理

555 电路的内部电路方框图如图 2.8.1 所示。它含有两个电压比较器,一个基本 RS 触发器,一个放电开关管 T,比较器的参考电压由三只 5 kΩ 的电阻器构成的分压器提供。它们分别使高电平比较器 A_1 的同相输入端和低电平比较器 A_2 的反相输入端的参考电平为 $\frac{2}{3}V_{CC}$ 和 $\frac{1}{3}V_{CC}$。由 A_1 与 A_2 的输出端控制 RS 触发器状态和放电管开关状态。当输入信号自 6 脚,即高电平触发输入并超过参考电平 $\frac{2}{3}V_{CC}$ 时,触发器复位,555 的输出端 3 脚输出低电平,同时放电开关管导通;当输入信号自 2 脚输入并低于 $\frac{1}{3}V_{CC}$ 时,触发器置位,555 的 3 脚输出高电平,同时放电开关管截止。

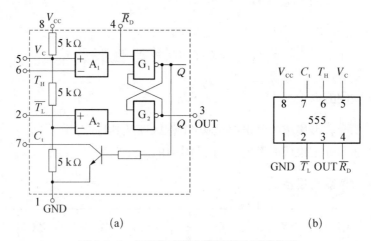

图 2.8.1 555 定时器内部框图及引脚排列

$\overline{R}_D$ 是复位端（4 脚），当 $\overline{R}_D = 0$ 时，555 输出低电平。平时 $\overline{R}_D$ 端开路或接 V_{CC}。

V_C 是控制电压端（5 脚），平时输出 $\frac{2}{3}V_{CC}$ 作为比较器 A_1 的参考电平，当 5 脚外接一个输入电压，即改变了比较器的参考电平，从而实现对输出的另一种控制，在不接外加电压时，通常接一个 $0.01~\mu F$ 的电容器到地，起滤波作用，以消除外来的干扰，确保参考电平的稳定。

T 为放电管，当 T 导通时，将给予接脚 7 的电容器提供低阻放电通路。

555 定时器主要是与电阻、电容构成充放电电路，并由两个比较器来检测电容器上的电压，以确定输出电平的高低和放电开关管的通断。这就很方便地构成从微秒到数十分钟的延时电路，可方便地构成单稳态触发器、多谐振荡器、施密特触发器等脉冲产生或波形变换电路。

2. 555 定时器的典型应用

(1) 构成单稳态触发器。

图 2.8.2(a)为由 555 定时器和外接定时元件 R、C 构成的单稳态触发器。触发电路由 C_1、R_1、D 构成，其中 D 为钳位二极管，稳态时 555 电路输入端处于电源电平，内部放电开关管 T 导通，输出端 F 输出低电平，当有一个外部负脉冲触发信号经 C_1 加到 2 端。并使 2 端电位瞬时低于 $\frac{1}{3}V_{CC}$，低电平比较器动作，单稳态电路即开始一个暂态过程，电容 C 开始充电，V_C 按指数规律增长。当 V_C 充电到 $\frac{2}{3}V_{CC}$ 时，高电平比较器动作，比较器 A_1 翻转，输出 V_0 从高电平返回低电平，放电开关管 T 重新导通，电容 C 上的电荷很快经放电开关管放电，暂态结束，恢复稳

态,为下个触发脉冲的来到作好准备。波形图如图 2.8.2(b)所示。

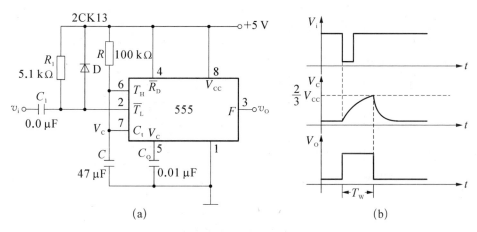

图 2.8.2 单稳态触发器

暂稳态的持续时间 t_w(即为延时时间)决定于外接元件 R、C 值的大小。

$$t_w = 1.1RC$$

通过改变 R、C 的大小,可使延时时间在几个微秒到几十分钟之间变化。当这种单稳态电路作为计时器时,可直接驱动小型继电器,并可以使用复位端(4 脚)接地的方法来中止暂态,重新计时。此外尚须用一个续流二极管与继电器线圈并接,以防继电器线圈反电势损坏内部功率管。

(2) 构成多谐振荡器。

如图 2.8.3(a)所示,由 555 定时器和外接元件 R_1、R_2、C 构成多谐振荡器,脚 2 与脚 6 直接相连。电路没有稳态,仅存在两个暂稳态,电路亦不需要外加触发信号,利用电源通过 R_1、R_2 向 C 充电,以及 C 通过 R_2 向放电端 C_t 放电,使电路产生振荡。电容 C 在 $\frac{1}{3}V_{CC}$ 和 $\frac{2}{3}V_{CC}$ 之间充电和放电,其波形如图 2.8.3(b)所示。

输出信号的时间参数是

$$T = t_{w1} + t_{w2}$$
$$t_{w1} = 0.7(R_1 + R_2)C$$
$$t_{w2} = 0.7R_2C$$

555 电路要求 R_1 与 R_2 均应大于或等于 1 kΩ,但 $R_1 + R_2$ 应小于或等于 3.3 MΩ。

外部元件的稳定性决定了多谐振荡器的稳定性,555 定时器配以少量的元件即可获得较高精度的振荡频率和具有较强的功率输出能力。因此,这种形式的多谐振荡器应用很广。

(3) 组成占空比可调的多谐振荡器。

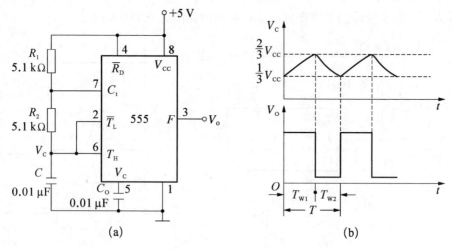

图 2.8.3 多谐振荡器

电路如图 2.8.4,它比图 2.8.3 所示电路增加了一个电位器和两个导引二极管。D_1、D_2 用来决定电容充、放电电流流经电阻的途径(充电时 D_1 导通,D_2 截止;放电时 D_2 导通,D_1 截止)。

占空比:

$$P = \frac{t_{w1}}{t_{w1} + t_{w2}} \approx \frac{0.7R_A C}{0.7C(R_A + R_B)} = \frac{R_A}{R_A + R_B}$$

可见,若取 $R_A = R_B$ 电路即可输出占空比为 50% 的方波信号。

(4) 组成占空比连续可调并能调节振荡频率的多谐振荡器。

电路如图 2.8.5 所示。对 C_1 充电时,充电电流通过 R_1、D_1、R_{w2} 和 R_{w1};放电时通过 R_{w1}、R_{w2}、D_2、R_2。当 $R_1 = R_2$、R_{w2} 调至中心点,因充放电时间基本相等,

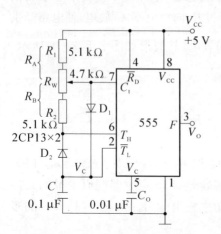

图 2.8.4 占空比可调的多谐振荡器

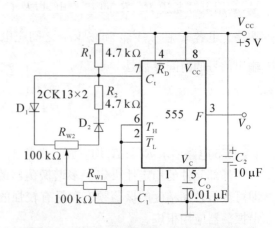

图 2.8.5 占空比与频率均可调的多谐振荡器

其占空比约为 50%,此时调节 R_{W1} 仅改变频率,占空比不变。如 R_{W2} 调至偏离中心点,再调节 R_{W1},不仅振荡频率改变,而且对占空比也有影响。R_{W1} 不变,调节 R_{W2},仅改变占空比,对频率无影响。因此,当接通电源后,应首先调节 R_{W1} 使频率至规定值,再调节 R_{W2},以获得需要的占空比。若频率调节的范围比较大,还可以用波段开关改变 C_1 的值。

(5) 组成施密特触发器。

电路如图 2.8.6 所示,只要将脚 2、6 连在一起作为信号输入端,即得到施密特触发器。图 2.8.7 示出了 V_s,V_i 和 V_o 的波形图。

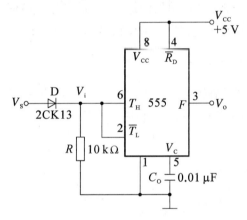

图 2.8.6 施密特触发器

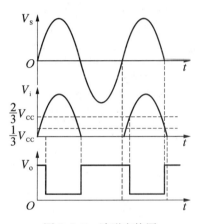

图 2.8.7 波形变换图

设被整形变换的电压为正弦波 V_s,其正半波通过二极管 D 同时加到 555 定时器的 2 脚和 6 脚,得 V_i 为半波整流波形。当 V_i 上升到 $\frac{2}{3}V_{CC}$ 时,V_o 从高电平翻转为低电平。

当 V_i 下降到 $\frac{1}{3}V_{CC}$ 时,V_o 又从低电平翻转为高电平。电路的电压传输特性曲线如图 2.8.8 所示。

回差电压:

$$\Delta V = \frac{2}{3}V_{CC} - \frac{1}{3}V_{CC} = \frac{1}{3}V_{CC}$$

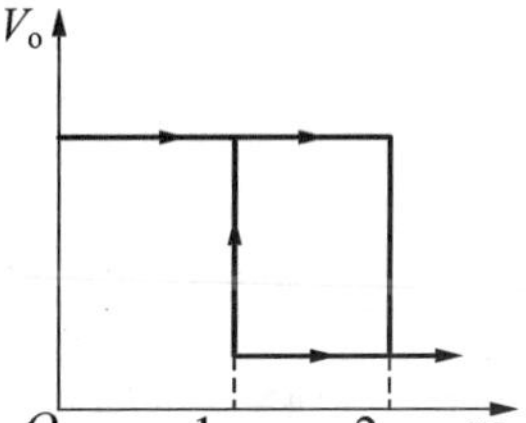

图 2.8.8 电压传输特性

四、实验内容

1. 单稳态触发器

(1) 按图 2.8.2 连线,取 $R = 100\,k\Omega$,$C = 47\,\mu F$,输入信号 V_i 由单次脉冲源提供,用双踪示波器观测 V_i、V_C、V_o 波形。测定幅度与暂稳时间。

(2) 将 R 改为 $1\,k\Omega$,C 改为 $0.1\,\mu F$,输入端加 1 kHz 的连续脉冲,观测波形 V_i、V_C、V_o,测定幅度及暂稳时间。

2. 多谐振荡器

(1) 按图 2.8.3 所示接线,用双踪示波器观测 V_C 与 V_o 的波形,测定频率。

(2) 按图 2.8.4 所示接线,组成占空比为 50% 的方波信号发生器。观测 V_C、V_o 波形,测定波形参数。

(3) 按图 2.8.5 所示接线,通过调节 R_{w1} 和 R_{w2} 来观测输出波形。

3. 施密特触发器

按图 2.8.6 接线,输入信号由音频信号源提供,预先调好 V_S 的频率为 1 kHz,接通电源,逐渐加大 V_S 的幅度,观测输出波形,测绘电压传输特性,算出回差电压 ΔU。

4. 模拟声响电路

按图 2.8.9 接线,组成两个多谐振荡器,调节定时元件,使 I 输出较低频率、II 输出较高频率,连好线,接通电源,试听音响效果。调换外接阻容元件,再试听音响效果。

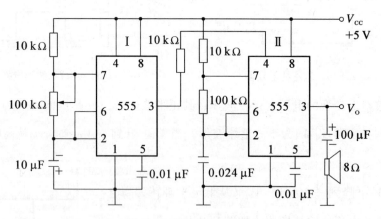

图 2.8.9 模拟声响电路

五、实验报告要求

(1) 绘出详细的实验线路图,定量绘出观测到的波形。

(2) 分析、总结实验结果。

六、实验思考题

(1) 在 555 定时电路中,比较器输出 1 和输出 0 的两种情况下,其同相输入端和反相输入端应满足什么条件？

(2) 利用 555 时基电路设计制作一只触摸式开关定时控制器，每当用手触摸一次，电路即输出一个正脉冲宽度为 10 s 的信号。画出电路图并检测电路的功能。

实验九 移位寄存器及其应用

一、实验目的

(1) 掌握中规模4位双向移位寄存器逻辑功能及使用方法。
(2) 熟悉移位寄存器的应用——实现数据的串行、并行转换和构成环形计数器。

二、实验仪器与设备

序号	名称	数量	备注	序号	名称	数量	备注
1	数字电路实验装置	1		3	万用表	1	
2	示波器	1					

三、实验原理及参考电路

移位寄存器是一个具有移位功能的寄存器,是指寄存器中所存的代码能够在移位脉冲的作用下依次左移或右移。既能左移又能右移的称为双向移位寄存器,只需要改变左、右移的控制信号便可实现双向移位要求。根据移位寄存器存取信息的方式不同分为:串入串出、串入并出、并入串出、并入并出四种形式。

本实验选用的4位双向通用移位寄存器,型号为CC40194或74LS194,两者功能相同,可互换使用,其逻辑符号及引脚排列如图2.9.1所示。

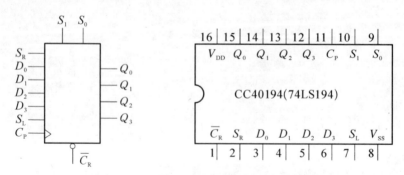

图 2.9.1 CC40194 的逻辑符号及引脚功能

其中,D_0、D_1、D_2、D_3 为并行输入端;Q_0、Q_1、Q_2、Q_3 为并行输出端;S_R 为右移串行输入端,S_L 为左移串行输入端;S_1、S_0 为操作模式控制端;$\overline{C_R}$ 为直接无条件清零端;C_P 为时钟脉冲输入端。

CC40194 有 5 种不同操作模式：即并行送数寄存,右移(方向由 $Q_0 \to Q_3$),左移(方向由 $Q_3 \to Q_0$),保持及清零。

S_1、S_0 和 $\overline{C}_R$ 端的控制作用如表 2.9.1 所示。

表 2.9.1 S_1、S_0 和 $\overline{C}_R$ 端的控制作用

功能	输入									输出			
	CP	$\overline{C}_R$	S_1	S_0	S_R	S_L	D_0	D_1	D_2	D_3	Q_0	Q_1	Q_2	Q_3
清除	×	0	×	×	×	×	×	×	×	×	0	0	0	0
送数	↑	1	1	1	×	×	a	b	c	d	a	b	c	d
右移	↑	1	0	1	D_{SR}	×	×	×	×	×	D_{SR}	Q_0	Q_1	Q_2
左移	↑	1	1	0	×	D_{SL}	×	×	×	×	Q_1	Q_2	Q_3	D_{SL}
保持	↑	1	0	0	×	×	×	×	×	×	Q_0^n	Q_1^n	Q_2^n	Q_3^n
保持	↓	1	×	×	×	×	×	×	×	×	Q_0^n	Q_1^n	Q_2^n	Q_3^n

移位寄存器应用很广,可构成移位寄存器型计数器、顺序脉冲发生器、串行累加器;可用作数据转换,即把串行数据转换为并行数据,或把并行数据转换为串行数据等。本实验研究移位寄存器用作环形计数器和数据的串、并行转换。

(1) 环形计数器。

把移位寄存器的输出反馈到它的串行输入端,就可以进行循环移位。

如图 2.9.2 所示,把输出端 Q_3 和右移串行输入端 S_R 相连接,设初始状态 $Q_0 Q_1 Q_2 Q_3 = 1000$,则在时钟脉冲作用下 $Q_0 Q_1 Q_2 Q_3$ 将依次变为 0100→0010→0001→1000→…如表 2.9.2 所示,可见它是一个具有四个有效状态的计数器,这种类型的计数器通常称为环形计数器。图 2.9.2 所示电路可以由各个输出端输出在时间上有先后顺序的脉冲,因此也可作为顺序脉冲发生器。

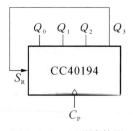

图 2.9.2 环形计数器

表 2.9.2 环形计数器输出状态

C_P	Q_0	Q_1	Q_2	Q_3
0	1	0	0	0
1	0	1	0	0

C_P	Q_0	Q_1	Q_2	Q_3
2	0	0	1	0
3	0	0	0	1

如果将输出 Q_0 与左移串行输入端 S_L 相连接,即可达左移循环移位。

(2) 实现数据串、并行转换。

① 串行/并行转换器。串行/并行转换是指串行输入的数码,经转换电路之后变换成并行输出。图 2.9.3 是用两片 CC40194(74LS194) 四位双向移位寄存器组成的七位串/并行数据转换电路。

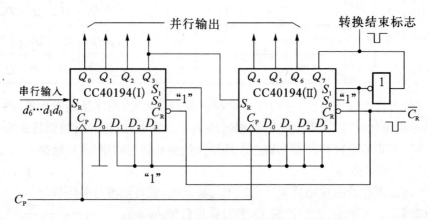

图 2.9.3 七位串行/并行转换器

电路中 S_0 端接高电平 1,S_1 受 Q_7 控制,两片寄存器连接成串行输入右移工作模式。Q_7 是转换结束标志。当 $Q_7 = 1$ 时,S_1 为 0,使之成为 $S_1 S_0 = 01$ 的串入右移工作方式,当 $Q_7 = 0$ 时,$S_1 = 1$,有 $S_1 S_0 = 10$,则串行送数结束,标志着串行输入的数据已转换成并行输出了。

串行/并行转换的具体过程如下:

转换前,$\overline{C_R}$ 端加低电平,使 1、2 两片寄存器的内容清 0,此时 $S_1 S_0 = 11$,寄存器执行并行输入工作方式。当第一个 CP 脉冲到来后,寄存器的输出状态 $Q_0 \sim Q_7$ 为 01111111,与此同时 $S_1 S_0$ 变为 01,转换电路变为执行串入右移工作方式,串行输入数据由 1 片的 S_R 端加入。随着 CP 脉冲的依次加入,输出状态的变化可列成表 2.9.3 所示。

表 2.9.3 输出状态变化

CP	Q_0	Q_1	Q_2	Q_3	Q_4	Q_5	Q_6	Q_7	说明
0	0	0	0	0	0	0	0	0	清零
1	0	1	1	1	1	1	1	1	送数
2	d_0	0	1	1	1	1	1	1	右移操作七次
3	d_1	d_0	0	1	1	1	1	1	
4	d_2	d_1	d_0	0	1	1	1	1	
5	d_3	d_2	d_1	d_0	0	1	1	1	
6	d_4	d_3	d_2	d_1	d_0	0	1	1	
7	d_5	d_4	d_3	d_2	d_1	d_0	0	1	
8	d_6	d_5	d_4	d_3	d_2	d_1	d_0	0	
9	0	1	1	1	1	1	1	1	送数

由表 2.9.3 可见,右移操作七次之后,Q_7 变为 0,$S_1 S_0$ 又变为 11,说明串行输入结束。这时,串行输入的数码已经转换成了并行输出了。

当再来一个 CP 脉冲时,电路又重新执行一次并行输入,为第二组串行数码转换作好了准备。

② 并行/串行转换器。并行/串行转换器是指并行输入的数码经转换电路之后,换成串行输出。

图 2.9.4 是用两片 CC40194(74LS194)组成的七位并行/串行转换电路,它比图 2.9.3 多了两只与非门 G_1 和 G_2,电路工作方式同样为右移。

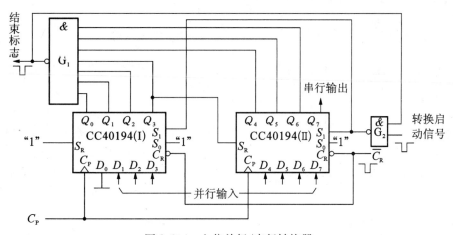

图 2.9.4 七位并行/串行转换器

寄存器清"0"后,加一个转换启动信号(负脉冲或低电平)。此时,由于方式控制 S_1S_0 为 11,转换电路执行并行输入操作。当第一个 CP 脉冲到来后,$Q_0Q_1Q_2Q_3Q_4Q_5Q_6Q_7$ 的状态为 $0D_1D_2D_3D_4D_5D_6D_7$,并行输入数码存入寄存器。从而使得 G_1 输出为 1,G_2 输出为 0,结果,S_1S_2 变为 01,转换电路随着 CP 脉冲的加入,开始执行右移串行输出,随着 CP 脉冲的依次加入,输出状态依次右移,待右移操作七次后,$Q_0 \sim Q_6$ 的状态都为高电平 1,与非门 G_1 输出为低电平,G_2 门输出为高电平,S_1S_2 又变为 11,表示并/串行转换结束,且为第二次并行输入创造了条件。转换过程如表 2.9.4 所示。

表 2.9.4 并/串行转换过程

CP	Q_0	Q_1	Q_2	Q_3	Q_4	Q_5	Q_6	Q_7	串 行 输 出							
0	0	0	0	0	0	0	0	0								
1	0	D_1	D_2	D_3	D_4	D_5	D_6	D_7								
2	1	0	D_1	D_2	D_3	D_4	D_5	D_6	D_7							
3	1	1	0	D_1	D_2	D_3	D_4	D_5	D_6	D_7						
4	1	1	1	0	D_1	D_2	D_3	D_4	D_5	D_6	D_7					
5	1	1	1	1	0	D_1	D_2	D_3	D_4	D_5	D_6	D_7				
6	1	1	1	1	1	0	D_1	D_2	D_3	D_4	D_5	D_6	D_7			
7	1	1	1	1	1	1	0	D_1	D_2	D_3	D_4	D_5	D_6	D_7		
8	1	1	1	1	1	1	1	0	D_1	D_2	D_3	D_4	D_5	D_6	D_7	
9	0	D_1	D_2	D_3	D_4	D_5	D_6	D_7								

中规模集成移位寄存器,其位数往往以 4 位居多,当需要的位数多于 4 位时,可把几片移位寄存器用级连的方法来扩展位数。

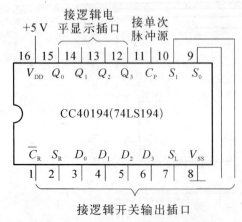

图 2.9.5 CC40194 逻辑功能测试

四、实验内容

1. 测试 CC40194(或 74LS194)的逻辑功能

按图 2.9.5 接线,$\overline{C_R}$、S_1、S_0、S_L、S_R、D_0、D_1、D_2、D_3 分别接至逻辑开关的输出插口;Q_0、Q_1、Q_2、Q_3 接至逻辑电平显示输入插口。CP 端接单次脉冲源。按表 2.9.5 所规定的输入状态,逐项进行测试。

(1) 清除:令 $\overline{C_R} = 0$,其他输入均

为任意态,这时寄存器输出 Q_0、Q_1、Q_2、Q_3 应均为 0。清除后,置 $\overline{C}_R = 1$。

表 2.9.5 CC40194 的逻辑功能测试

清除	模式		时钟	串	行	输	入			输	出			功能总结
$\overline{C}_R$	S_1	S_0	CP	S_L	S_R	D_0	D_1	D_2	D_3	Q_0	Q_1	Q_2	Q_3	
0	×	×	×	×	×	×	×	×	×					
1	1	1	↑	×	×	a	b	c	d					
1	0	1	↑	×	0	×	×	×	×					
1	0	1	↑	×	1	×	×	×	×					
1	0	1	↑	×	0	×	×	×	×					
1	0	1	↑	×	0	×	×	×	×					
1	1	0	↑	1	×	×	×	×	×					
1	1	0	↑	1	×	×	×	×	×					
1	1	0	↑	1	×	×	×	×	×					
1	1	0	↑	1	×	×	×	×	×					
1	0	0	↑	×	×	×	×	×	×					

(2) 送数:令 $\overline{C}_R = S_1 = S_0 = 1$,送入任意 4 位二进制数,如 $D_0 D_1 D_2 D_3 =$ abcd,加 CP 脉冲,观察 CP = 0、CP 由 0→1、CP 由 1→0 三种情况下寄存器输出状态的变化,观察寄存器输出状态变化是否发生在 CP 脉冲的上升沿。

(3) 右移:清零后,令 $\overline{C}_R = 1, S_1 = 0, S_0 = 1$,由右移输入端 S_R 送入二进制数码如 0100,由 CP 端连续加 4 个脉冲,观察输出情况,记录之。

(4) 左移:先清零或预置,再令 $\overline{C}_R = 1, S_1 = 1, S_0 = 0$,由左移输入端 S_L 送入二进制数码如 1111,连续加四个 CP 脉冲,观察输出端情况,记录之。

(5) 保持:寄存器预置任意 4 位二进制数码 abcd,令 $\overline{C}_R = 1, S_1 = S_0 = 0$,加 CP 脉冲,观察寄存器输出状态,记录之。

2. 环形计数器

自拟实验线路用并行送数法预置寄存器为某二进制数码(如 0100),然后进行右移循环,观察寄存器输出端状态的变化,记入表 2.9.6 中。

表 2.9.6 寄存器输出状态

CP	Q_0	Q_1	Q_2	Q_3
0	0	1	0	0
1				
2				
3				
4				

3. 实现数据的串、并行转换

(1) 串行输入、并行输出。

按图 2.9.3 接线,进行右移串入、并出实验,串入数码自定;改接线路用左移方式实现并行输出。自拟表格,记录之。

(2) 并行输入、串行输出。

按图 2.9.4 接线,进行右移并入、串出实验,并入数码自定。再改接线路用左移方式实现串行输出。自拟表格,记录之。

(3) 画出用两片 CC40194 构成的七位左移串/并行转换器线路。

(4) 画出用两片 CC40194 构成的七位左移并/串行转换器线路。

五、实验报告

(1) 分析表 2.9.4 的实验结果,总结移位寄存器 CC40194 的逻辑功能并写入表格功能总结一栏中。

(2) 根据实验内容 2 的结果,画出 4 位环形计数器的状态转换图及波形图。

(3) 分析串/并、并/串转换器所得结果的正确性。

六、实验思考题

(1) 在对 CC40194 进行送数后,若要使输出端改成另外的数码,是否一定要使寄存器清零?

(2) 使寄存器清零,除采用 $\overline{C}_R$ 输入低电平外,可否采用右移或左移的方法?可否使用并行送数法?若可行,如何进行操作?

(3) 若进行循环左移,图 2.9.4 接线应如何改接?

实验十 数/模、模/数转换的应用

一、实验目的

(1) 了解 D/A 和 A/D 转换器的基本工作原理和基本结构。
(2) 掌握大规模集成 D/A 和 A/D 转换器的功能及其典型应用。

二、实验仪器与设备

序号	名称	数量	备注	序号	名称	数量	备注
1	数字电路实验装置	1		3	万用表	1	
2	示波器	1					

三、实验原理及参考电路

在数字电子技术的很多应用场合往往需要把模拟量转换为数字量,称为模/数转换器(A/D 转换器,简称 ADC);或把数字量转换成模拟量,称为数/模转换器(D/A 转换器,简称 DAC)。完成这种转换的线路有多种,特别是单片大规模集成 A/D、D/A 转换器问世,为实现上述的转换提供了极大的方便。使用者可借助于手册提供的器件性能指标及典型应用电路,即可正确使用这些器件。本实验将采用大规模集成电路 DAC0832 实现 D/A 转换,ADC0809 实现 A/D 转换。

1. D/A 转换器 DAC0832

DAC0832 是采用 CMOS 工艺制成的单片电流输出型 8 位数/模转换器。图 2.10.1 是 DAC0832 的逻辑框图及引脚排列。

器件的核心部分采用倒 T 型电阻网络的 8 位 D/A 转换器,如图 2.10.2 所示。它是由倒 T 型 R—2R 电阻网络、模拟开关、运算放大器和参考电压 V_{REF} 四部分组成。

运放的输出电压为

$$V_o = -\frac{V_{REF} \cdot R_f}{2^n R}(D_{n-1} \cdot 2^{n-1} + D_{n-2} \cdot 2^{n-2} + \cdots + D_0 \cdot 2^0)$$

由上式可见,输出电压 V_o 与输入的数字量成正比,这就实现了从数字量到模拟量的转换。

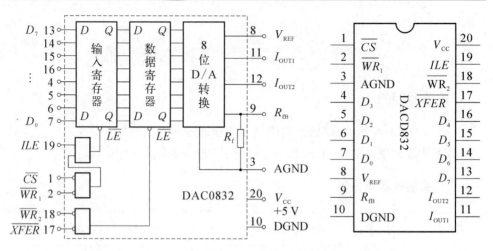

图 2.10.1 DAC0832 单片 D/A 转换器逻辑框图和引脚排列

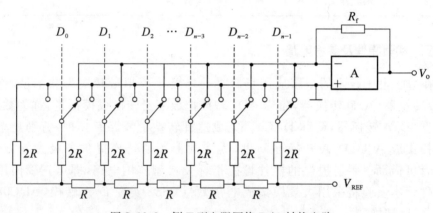

图 2.10.2 倒 T 型电阻网络 D/A 转换电路

一个 8 位的 D/A 转换器,它有 8 个输入端,每个输入端是 8 位二进制数的一位,有一个模拟输出端,输入可有 $2^8 = 256$ 个不同的二进制组态,输出为 256 个电压之一,即输出电压不是整个电压范围内任意值,而只能是 256 个可能值。

DAC0832 的引脚功能说明如下:

$D_0 \sim D_7$——数字信号输入端;

ILE——输入寄存器允许,高电平有效;

$\overline{CS}$——片选信号,低电平有效;

$\overline{WR}_1$——写信号 1,低电平有效;

$\overline{XFER}$——传送控制信号,低电平有效;

$\overline{WR}_2$——写信号 2,低电平有效;

I_{OUT1},I_{OUT2}——DAC 电流输出端;

R_{fB}——反馈电阻,是集成在片内的外接运放的反馈电阻;

V_{REF}——基准电压($-10\sim+10$)V;

V_{CC}——电源电压($+5\sim+15$)V;

AGND——模拟地 ⎫
NGND——数字地 ⎭ 可接在一起接地使用。

DAC0832 输出的是电流,要转换为电压,还必须经过一个外接的运算放大器,实验线路如图 2.10.3 所示。

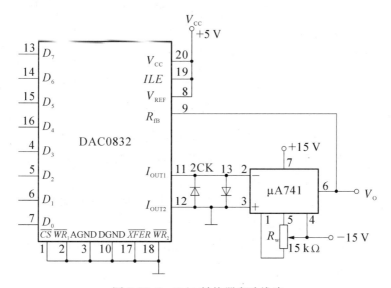

图 2.10.3　D/A 转换器实验线路

2. A/D 转换器 ADC0809

ADC0809 是采用 CMOS 工艺制成的单片 8 位 8 通道逐次渐近型模/数转换器,其逻辑框图及引脚排列如图 2.10.4 所示。

器件的核心部分是 8 位 A/D 转换器,它由比较器、逐次渐近寄存器、D/A 转换器及控制和定时 5 部分组成。

ADC0809 的引脚功能说明如下:

$IN_0\sim IN_7$——8 路模拟信号输入端;

A_2、A_1、A_0——地址输入端;

ALE——地址锁存允许输入信号,在此脚施加正脉冲,上升沿有效,此时锁存地址码,从而选通相应的模拟信号通道,以便进行 A/D 转换。

START——启动信号输入端,应在此脚施加正脉冲,当上升沿到达时,内部逐

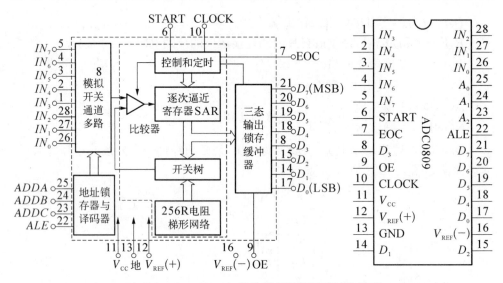

图 2.10.4 ADC0809 转换器逻辑框图及引脚排列

次逼近寄存器复位,在下降沿到达后,开始 A/D 转换过程。

EOC——转换结束输出信号(转换结束标志),高电平有效;

OE——输入允许信号,高电平有效;

CLOCK(CP)——时钟信号输入端,外接时钟频率一般为 640 kHz;

V_{CC}——+5 V 单电源供电;

$V_{REF}(+)$、$V_{REF}(-)$——基准电压的正极、负极。一般 $V_{REF}(+)$ 接 +5 V 电源,$V_{REF}(-)$ 接地;

$D_7 \sim D_0$——数字信号输出端。

(1) 模拟量输入通道选择。

8 路模拟开关由 A_2、A_1、A_0 三地址输入端选通 8 路模拟信号中的任何一路进行 A/D 转换,地址译码与模拟输入通道的选通关系如表 2.10.1 所示。

表 2.10.1 地址译码与模拟输入通道的选通关系

被选模拟通道		IN_0	IN_1	IN_2	IN_3	IN_4	IN_5	IN_6	IN_7
地址	A_2	0	0	0	0	1	1	1	1
	A_1	0	0	1	1	0	0	1	1
	A_0	0	1	0	1	0	1	0	1

(2) D/A 转换过程。

在启动端(START)加启动脉冲(正脉冲),D/A转换即开始。如将启动端(START)与转换结束端(EOC)直接相连,转换将是连续的,在用这种转换方式时,开始应在外部加启动脉冲。

四、实验内容

1. D/A 转换器——DAC0832

(1) 按图 2.10.3 接线,电路接成直通方式,即 $\overline{CS}$、$\overline{WR_1}$、$\overline{WR_2}$、$\overline{XFER}$ 接地;ALE、V_{CC}、V_{REF} 接 +5 V 电源;运放电源接 ±15 V;$D_0 \sim D_7$ 接逻辑开关的输出插口,输出端 V_o 接直流数字电压表。

(2) 调零,令 $D_0 \sim D_7$ 全置于零,调节运放的电位器使 μA741 输出为零。

(3) 按表 2.10.2 所列的输入数字信号,用数字电压表测量运放的输出电压 V_0,并将测量结果填入表中,并与理论值进行比较。

表 2.10.2　DAC0832 数字输入信号

输	入	数	字	量				输出模拟量 V_0(V)
D_7	D_6	D_5	D_4	D_3	D_2	D_1	D_0	V_{CC} = +5 V
0	0	0	0	0	0	0	0	
0	0	0	0	0	0	0	1	
0	0	0	0	0	0	1	0	
0	0	0	0	0	1	0	0	
0	0	0	0	1	0	0	0	
0	0	0	1	0	0	0	0	
0	0	1	0	0	0	0	0	
0	1	0	0	0	0	0	0	
1	0	0	0	0	0	0	0	
1	1	1	1	1	1	1	1	

2. A/D 转换器——ADC0809

按图 2.10.5 接线。

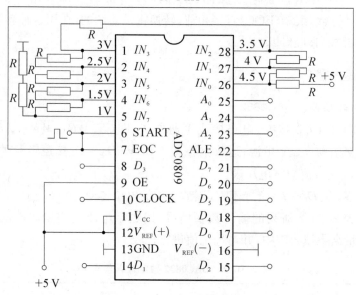

图 2.10.5 ADC0809 实验线路

(1) 8 路输入模拟信号 1~4.5 V,由 +5 V 电源经电阻 R 分压组成;变换结果 $D_0 \sim D_7$ 接逻辑电平显示器输入插口,CP 时钟脉冲由计数脉冲源提供,取 $f = 100$ kHz; $A_0 \sim A_2$ 地址端接逻辑电平输出插口。

(2) 接通电源后,在启动端(START)加一正单次脉冲,下降沿一到即开始 A/D 转换。

(3) 按表 2.10.3 的要求观察,记录 $IN_0 \sim IN_7$ 8 路模拟信号的转换结果,并将转换结果换算成十进制数表示的电压值,并与数字电压表实测的各路输入电压值进行比较,分析误差原因。

表 2.10.3 8 路模拟信号的转换

被选模拟通道	输入模拟量	地址			输出数字量							
IN	$V_i(V)$	A_2	A_1	A_0	D_7	D_6	D_5	D_4	D_3	D_2	D_1	D_0	十进制
IN_0	4.5	0	0	0									
IN_1	4.0	0	0	1									
IN_2	3.5	0	1	0									
IN_3	3.0	0	1	1									

续表

被选模拟通道	输入模拟量	地 址			输 出 数 字 量							
IN_4	2.5	1	0	0								
IN_5	2.0	1	0	1								
IN_6	1.5	1	1	0								
IN_7	1.0	1	1	1								

五、实验报告

整理实验数据，分析实验结果。

六、实验思考题

D/A 和 A/D 转换器的核心部分各由哪几个部分组成？它们是怎样实现转换的？

实验十一 编码器及其应用(仿真)

一、实验目的

(1) 学习 EWB 仿真软件在数字集成电路中的使用方法。
(2) 掌握虚拟数字仪器的使用。
(3) 加深理解编码器的逻辑功能。

二、实验仪器与设备

序号	名称	数量	备注
1	计算机	1	
2	EWB 5.0C 软件	1	

三、实验原理

启动 EWB 5.0 可以看到 EWB 主窗口,由菜单栏、工具栏、元器件库区、电路设计区、电路描述窗口、状态栏和暂停按钮、启动/停止开关组成。EWB 模仿了一个实际的电子工作台,其中最大的区域是电路设计区,在这里可以进行电路的创建、测试和分析,元器件库提供了非常丰富的元器件和各种常用测试仪器,设计电路时,只要单击所需元器件库的图标即可打开该库。

1. 8 线—3 线二进制编码器功能测试

(1) 表 2.11.1 是 8 线—3 线二进制编码器的真值表,根据此真值表写出各输出逻辑函数的表达式,在 EWB 的电路设计区创建用"或门"实现的逻辑图。

表 2.11.1 8 线—3 线二进制编码器真值表

输入								输出		
A_7	A_6	A_5	A_4	A_3	A_2	A_1	A_0	Y_2	Y_1	Y_0
0	0	0	0	0	0	0	1	0	0	0
0	0	0	0	0	0	1	0	0	0	1
0	0	0	0	0	1	0	0	0	1	0
0	0	0	0	1	0	0	0	0	1	1
0	0	0	1	0	0	0	0	1	0	0
0	0	1	0	0	0	0	0	1	0	1
0	1	0	0	0	0	0	0	1	1	0
1	0	0	0	0	0	0	0	1	1	1

(2) 从仪器库中选择字信号发生器,将图标下沿的输出端口连接到电路的输入端,打开面板,按照真值表中输入的要求,编辑字信号并进行其他参数的设置。

(3) 从仪器库中选择逻辑分析仪,将图标左边的输入端口连接到电路的输出端,打开面板,进行必要的合理设置。

(4) 从指示元件库中选择彩色指示灯,接至电路输出端。

(5) 单击字信号发生器"Step"(单步)输出方式,记录彩色指示灯的状态(亮代表"1",暗代表"0")。记录逻辑分析仪所示波形与真值表比较。

2. 编码器的应用

(1) 从数字集成电路库中选择 74LS148 优先编码器,按"F_1"键了解该集成电路的功能(74LS148 在 EWB 中的型号是 74148)。

(2) 用 74LS148 和门电路,设计一个呼叫系统,要求有 1～5 号五个呼叫信号,分别用五个开关输出信号,1 号优先级最高,5 号最低。用指示器件库中的译码数码管显示呼叫信号的号码,没有呼叫信号时显示"0",有一个呼叫信号时,显示该呼叫信号的号码,有多个呼叫信号时,显示优先级最高的号码。

四、实验内容及步骤

(1) 在 EWB 软件环境测试 8 线—3 线编码器的逻辑功能。

(2) 利用 74LS148 设计一个呼叫系统,并验证其功能。

五、实验报告要求

(1) 整理 8 线—3 线二进制编码器的测试结果,说明电路的逻辑功能。

(2) 绘出用 74LS148 构成的呼叫系统的电路图,阐述设计原理。

(3) 依据仿真结果,总结实验体会。

实验十二 数字钟的设计与调试（仿真）

一、实验目的

(1) 掌握同步十进制集成计数器 74160 的功能。
(2) 学习用同步十进制集成计数器构成任意进制计数器的设计方法。

二、实验仪器与设备

序号	名称	数量	备注
1	计算机	1	
2	EWB5.0C 软件	1	

三、设计实验要求

(1) 以 EWB 数字集成电路库中的 74160 为主要器件，设计一个数字显示电子钟，要求如下：
① 具有时、分、秒计数显示功能，以 24 小时循环。
② 用六只数码管分别显示时、分、秒的个位和十位。
③ 具有清零功能。
④ 用信号源库中的时钟脉冲源做计数秒信号。
(2) 根据设计结果创建实验电路。
(3) 仿真，调试。

四、实验报告要求

(1) 简述总体方案，画出总体逻辑框图。
(2) 设计时、分、秒单元电路。
(3) 依据仿真结果，总结实验体会。

实验十三　智力竞赛抢答装置

一、实验目的

(1) 学习数字电路中 D 触发器、分频电路、多谐振荡器、CP 时钟脉冲源等单元电路的综合运用。

(2) 熟悉智力竞赛抢答器的工作原理。

(3) 了解简单数字系统实验、调试及故障排除方法。

二、实验仪器与设备

序号	名称	数量	备注	序号	名称	数量	备注
1	数字电路实验装置	1		3	万用表	1	
2	示波器	1		4	数字频率计	1	

三、实验原理及参考电路

图 2.13.1 为供四人用的智力竞赛抢答装置线路,用以判断抢答优先权。

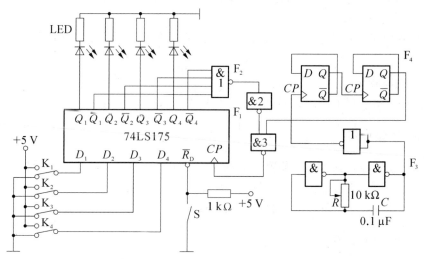

图 2.13.1　智力竞赛抢答装置原理图

图 2.13.1 中 F_1 为四 D 触发器 74LS175,它具有公共置 0 端和公共 CP 端,引脚排列见附录;F_2 为双 4 输入与非门 74LS20;F_3 是由 74LS00 组成的多谐振荡器;

F_4 是由 74LS74 组成的四分频电路，F_3、F_4 组成抢答电路中的 *CP* 时钟脉冲源，抢答开始时，由主持人清除信号，按下复位开关 S，74LS175 的输出 $Q_1 \sim Q_4$ 全为 0，所有发光二极管 LED 均熄灭，当主持人宣布"抢答开始"后，首先作出判断的参赛者立即按下开关，对应的发光二极管点亮，同时，通过与非门 F_2 送出信号锁住其余三个抢答者的电路，不再接收其他信号，直到主持人再次清除信号为止。

四、实验内容

（1）测试各触发器及各逻辑门的逻辑功能。试测方法参照实验二及实验九有关内容，判断器件的好坏。

（2）按图 2.13.1 接线，抢答器五个开关接实验装置上的逻辑开关、发光二极管接逻辑电平显示器。

（3）断开抢答器电路中 *CP* 脉冲源电路，单独对多谐振荡器 F_3 及分频器 F_4 进行调试，调整多谐振荡器 10 K 电位器，使其输出脉冲频率约 4 kHz，观察 F_3 及 F_4 输出波形及测试其频率。

（4）测试抢答器电路功能。接通 +5 电源，*CP* 端接实验装置上连续脉冲源，取重复频率约 1 kHz。

① 抢答开始前，开关 K_1、K_2、K_3、K_4 均置"0"，准备抢答，将开关 S 置于"0"，发光二极管全熄灭，再将 S 置于"1"。抢答开始，K_1、K_2、K_3、K_4 某一开关置于"1"，观察发光二极管的亮、灭情况，然后再将其他三个开关中任一个置于"1"，观察发光二极的亮、灭有否改变。

② 重复①的内容，改变 K_1、K_2、K_3、K_4 任一个开关状态，观察抢答器的工作情况。

③ 整体测试。

断开实验装置上的连续脉冲源，接入 F_3 及 F_4，再进行实验。

五、实验报告

（1）分析智力竞赛抢答装置各部分功能及工作原理。
（2）总结数字系统的设计、调试方法。
（3）分析实验中出现的故障及解决办法。

六、实验思考题

若在图 2.13.1 电路中加一个计时功能，要求计时电路显示时间精确到秒，最多限制为 2 分钟，一旦超出限时，则取消抢答权，电路应如何改进？

实验十四　电子秒表

一、实验目的

（1）学习数字电路中基本 RS 触发器、单稳态触发器、时钟发生器及计数、译码显示等单元电路的综合应用。

（2）学习电子秒表的调试方法。

二、实验仪器与设备

序号	名称	数量	备注	序号	名称	数量	备注
1	数字电路实验装置	1		3	万用表	1	
2	示波器	1		4	数字频率计	1	

三、实验原理及参考电路

图 1.14.1 为电子秒表的电原理图。按功能分成四个单元电路进行分析。

1. 基本 RS 触发器

图 2.14.1 中单元 Ⅰ 为用集成与非门构成的基本 RS 触发器。属低电平直接触发的触发器，有直接置位、复位的功能。

它的一路输出 $\bar{Q}$ 作为单稳态触发器的输入，另一路输出 Q 作为与非门 5 的输入控制信号。

按动按钮开关 K_2（接地），则门 1 输出 $\bar{Q}=1$；门 2 输出 $Q=0$，K_2 复位后 Q、$\bar{Q}$ 状态保持不变。再按动按钮开关 K_1，则 Q 由 0 变为 1，门 5 开启，为计数器启动作好准备。$\bar{Q}$ 由 1 变 0，送出负脉冲，启动单稳态触发器工作。

基本 RS 触发器在电子秒表中的职能是启动和停止秒表的工作。

2. 单稳态触发器

图 2.14.1 中单元 Ⅱ 为用集成与非门构成的微分型单稳态触发器，图 2.14.2 为各点波形图。

单稳态触发器的输入触发负脉冲信号 V_i 由基本 RS 触发器 $\bar{Q}$ 端提供，输出负脉冲 V_o 通过非门加到计数器的清除端 R。

静态时，门 4 应处于截止状态，故电阻 R 必须小于门的关门电阻 R_{off}。定时元

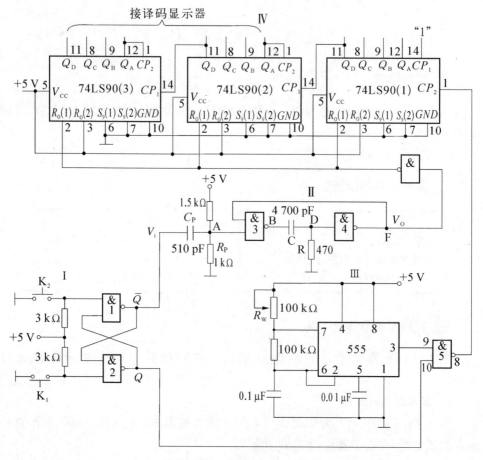

图2.14.1 电子秒表原理图

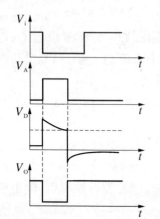

图2.14.2 单稳态触发器波形图

件 RC 取值不同,输出脉冲宽度也不同。当触发脉冲宽度小于输出脉冲宽度时,可以省去输入微分电路的 R_P 和 C_P。

单稳态触发器在电子秒表中的职能是为计数器提供清零信号。

3. 时钟发生器

图 2.14.1 中单元Ⅲ为用 555 定时器构成的多谐振荡器,是一种性能较好的时钟源。

调节电位器 R_W,使在输出端 3 获得频率为 50 Hz 的矩形波信号,当基本 RS 触发器 $Q=1$ 时,门 5 开启,此时,50 Hz 脉冲信号通过门 5 作为计数脉冲加于计数器①的计数输入端 CP_2。

4. 计数及译码显示

二一五一十进制加法计数器 74LS90 构成电子秒表的计数单元,如图 2.14.1 中单元Ⅳ所示。其中,计数器①接成五进制形式,对频率为 50 Hz 的时钟脉冲进行五分频,在输出端 Q_D 取得周期为 0.1 s 的矩形脉冲,作为计数器②的时钟输入。计数器②及计数器③接成 8421 码十进制形式,其输出端与实验装置上译码显示单元的相应输入端连接,可显示 0.1~0.9 s、1~9.9 s 计时。

注:集成异步计数器 74LS90。

74LS90 是异步二一五一十进制加法计数器,它既可以作二进制加法计数器,又可以作五进制和十进制加法计数器。

图 2.14.3 为 74LS90 引脚排列,表 2.14.1 为功能表。

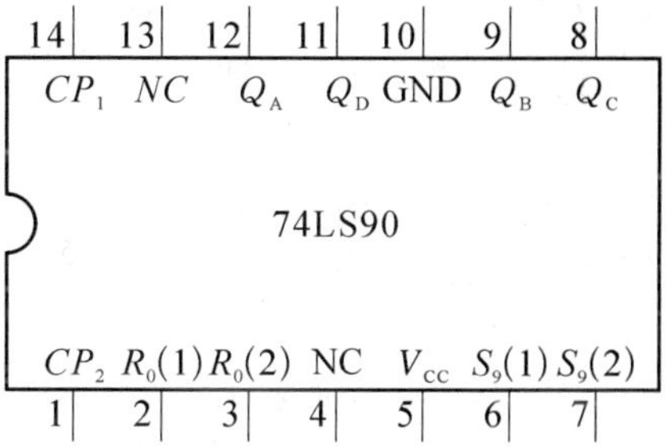

图 2.14.3 74LS90 引脚排列

表 2.14.1 计数器 74LS90 功能表

输入			输出	功能
清 0 $R_0(1)$、$R_0(2)$	置 9 $S_9(1)$、$S_9(2)$	时 钟 $CP_1\ CP_2$	$Q_D\ Q_C\ Q_B\ Q_A$	
1　1	0　× ×　0	×　×	0　0　0　0	清 0
0　× ×　0	1　1	×　×	1　0　0　1	置 9
0　× ×　0	0　× ×　0	↓　1	Q_A 输出	二进制计数
		1　↓	$Q_D\ Q_C\ Q_B$ 输出	五进制计数
		↓　Q_A	$Q_D\ Q_C\ Q_B\ Q_A$ 输出 8421BCD 码	十进制计数
		Q_D　↓	$Q_A\ Q_D\ Q_C\ Q_B$ 输出 5421BCD 码	十进制计数
		1　1	不　变	保　持

通过不同的连接方式,74LS90 可以实现四种不同的逻辑功能;而且还可借助 $R_0(1)$、$R_0(2)$ 对计数器清零,借助 $S_9(1)$、$S_9(2)$ 将计数器置 9。其具体功能详述如下:

(1) 计数脉冲从 CP_1 输入，Q_A 作为输出端，为二进制计数器。

(2) 计数脉冲从 CP_2 输入，$Q_D Q_C Q_B$ 作为输出端，为异步五进制加法计数器。

(3) 若将 CP_2 和 Q_A 相连，计数脉冲由 CP_1 输入，Q_D、Q_C、Q_B、Q_A 作为输出端，则构成异步 8421 码十进制加法计数器。

(4) 若将 CP_1 与 Q_D 相连，计数脉冲由 CP_2 输入，Q_A、Q_D、Q_C、Q_B 作为输出端，则构成异步 5421 码十进制加法计数器。

(5) 清零、置 9 功能。

① 异步清零。

当 $R_0(1)$、$R_0(2)$ 均为"1"；$S_9(1)$、$S_9(2)$ 中有"0"时，实现异步清零功能，即 $Q_D Q_C Q_B Q_A = 0000$。

② 置 9 功能。

当 $S_9(1)$、$S_9(2)$ 均为"1"；$R_0(1)$、$R_0(2)$ 中有"0"时，实现置 9 功能，即 $Q_D Q_C Q_B Q_A = 1001$。

四、实验内容

由于实验电路中使用器件较多，实验前必须合理安排各器件在实验装置上的位置，使电路逻辑清楚，接线较短。

实验时，应按照实验任务的次序，将各单元电路逐个进行接线和调试，即分别测试基本 RS 触发器、单稳态触发器、时钟发生器及计数器的逻辑功能，待各单元电路工作正常后，再将有关电路逐级连接起来进行测试……直到测试电子秒表整个电路的功能。

这样的测试方法有利于检查和排除故障，保证实验顺利进行。

基本 RS 触发器的测试：

1. 单稳态触发器的测试

(1) 静态测试。

用直流数字电压表测量 A、B、D、F 各点电位值。记录之。

(2) 动态测试。

输入端接 1 kHz 连续脉冲源，用示波器观察并描绘 D 点(V_D)、F 点(V_0)波形，如嫌单稳输出脉冲持续时间太短，难以观察，可适当加大微分电容 C（如改为 $0.1\ \mu F$）待测试完毕，再恢复 4700 pF。

2. 时钟发生器的测试

用示波器观察输出电压波形并测量其频率，调节 R_W，使输出矩形波频率为 50 Hz。

3. 计数器的测试

(1) 计数器①接成五进制形式，$R_0(1)$、$R_0(2)$、$S_9(1)$、$S_9(2)$ 接逻辑开关输出

插口，CP_2 接单次脉冲源，CP_1 接高电平"1"，$Q_D \sim Q_A$ 接实验设备上译码显示输入端 D、C、B、A，按表 2.14.1 测试其逻辑功能，记录之。

(2) 计数器②及计数器③接成 8421 码十进制形式，同内容(1)进行逻辑功能测试。记录之。

(3) 将计数器①、②、③级连，进行逻辑功能测试。记录之。

4．电子秒表的整体测试

各单元电路测试正常后，按图 2.14.1 把几个单元电路连接起来，进行电子秒表的总体测试。

先按一下按钮开关 K_2，此时，电子秒表不工作，再按一下按钮开关 K_1，则计数器清零后便开始计时，观察数码管显示计数情况是否正常，如不需要计时或暂停计时，按一下开关 K_2，计时立即停止，但数码管保留所计时之值。

5．电子秒表准确度的测试

利用电子钟或手表的秒计时对电子秒表进行校准。

五、实验报告

(1) 总结电子秒表整个调试过程。

(2) 分析调试中发现的问题及故障排除方法。

六、实验思考题

除了本实验所采用的时钟源外，还可以选用哪些不同类型的时钟源，画出电路图。

实验十五　数字频率计的设计和实验
（设计举例）

数字频率计是用于测量信号（方波、正弦波或其他脉冲信号）的频率，并用十进制数字显示，它具有精度高、测量迅速、读数方便等优点。

一、设计任务和要求

使用中、小规模集成电路设计与制作一台简易的数字频率计。应具有下述功能：

（1）位数。

计 4 位十进制数。

计数位数主要取决于被测信号频率的高低，如果被测信号频率较高，精度又较高，可相应增加显示位数。

（2）量程。

第一挡：最小量程挡，最大读数是 9.999 kHz，闸门信号的采样时间为 1 s。

第二挡：最大读数为 99.99 kHz，闸门信号的采样时间为 0.1 s。

第三挡：最大读数为 999.9 kHz，闸门信号的采样时间为 10 ms。

第四挡：最大读数为 9 999 kHz，闸门信号的采样时间为 1 ms。

（3）显示方式。

用七段 LED 数码管显示读数，做到显示稳定、不跳变；小数点的位置跟随量程的变更而自动移位；读数，要求数据显示的时间在 0.5～5 s 内连续可调。

（4）具有"自检"功能。

（5）被测信号为方波信号。

（6）画出设计的数字频率计的电路总图。

二、电路方框图

本实验课题仅讨论一种简单易制的数字频率计，其原理方框图如图 2.15.1 所示。

三、有关单元电路的设计及工作原理

脉冲信号的频率就是在单位时间内所产生的脉冲个数，其表达式为 $f = N/T$，其中，f 为被测信号的频率，N 为计数器所累计的脉冲个数，T 为产生 N 个脉冲所需的时间。计数器所记录的结果，就是被测信号的频率。如在 1 s 内记录

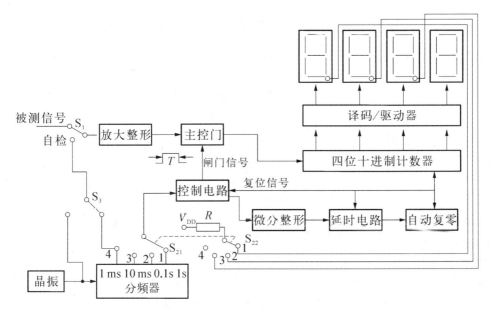

图 2.15.1 数字频率计原理方框图

1 000 个脉冲,则被测信号的频率为 1 000 Hz。

晶振产生较高的标准频率,经分频器后可获得各种时基脉冲(1 ms,10 ms,0.1 s,1 s 等),时基信号的选择由开关 S_2 控制。被测频率的输入信号经放大整形后变成矩形脉冲加到主控门的输入端,如果被测信号为方波,放大整形可以不要,将被测信号直接加到主控门的输入端。时基信号经控制电路产生闸门信号至主控门,只有在闸门信号采样期间内(时基信号的一个周期),输入信号才通过主控门。若时基信号的周期为 T,进入计数器的输入脉冲数为 N,则被测信号的频率 $f = N/T$,改变时基信号的周期 T,即可得到不同的测频范围。当主控门关闭时,计数器停止计数,显示器显示记录结果。此时,控制电路输出一个置零信号,经延时、整形电路的延时,当达到所调节的延时时间时,延时电路输出一个复位信号,使计数器和所有的触发器置 0,为后续新的一次取样作好准备,即能锁住一次显示的时间,使保留到接收新的一次取样为止。

当开关 S_2 改变量程时,小数点能自动移位。

若开关 S_1,S_3 配合使用,可将测试状态转为"自检"工作状态(即用时基信号本身作为被测信号输入)。

1. 控制电路

控制电路与主控门电路如图 2.15.2 所示。

主控电路由双 D 触发器 CC4013 及与非门 CC4011 构成。CC4013(a)的任务是输出闸门控制信号,以控制主控门(2)的开启与关闭。如果通过开关 S_2 选择一个

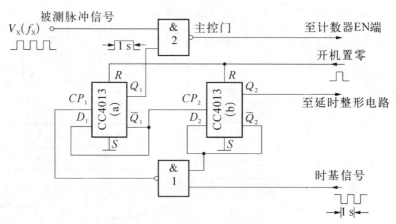

图 2.15.2　控制电路及主控门电路

时基信号,当给与非门(1)输入一个时基信号的下降沿时,门 1 就输出一个上升沿,则 CC4013(a)的 Q_1 端就由低电平变为高电平,将主控门 2 开启。允许被测信号通过该主控门并送至计数器输入端进行计数。相隔 1 s(或 0.1 s,10 ms,1 ms)后,又给与非门 1 输入一个时基信号的下降沿,与非门 1 输出端又产生一个上升沿,使 CC4013(a)的 Q_1 端变为低电平,将主控门关闭,使计数器停止计数,同时 $\bar{Q}_1$ 端产生一个上升沿,使 CC4013(b)翻转成 $Q_2=1$,$\bar{Q}_2=0$,由于 $\bar{Q}_2=0$,它立即封锁与非门 1 不再让时基信号进入 CC4013(a),保证在显示读数的时间内 Q_1 端始终保持低电平,使计数器停止计数。

利用 Q_2 端的上升沿送到下一级的延时、整形单元电路。当到达所调节的延时时间时,延时电路输出端立即输出一个正脉冲,将计数器和所有 D 触发器全部置 0。复位后,$Q_1=0$,$\bar{Q}_1=1$,为下一次测量作好准备。当时基信号又产生下降沿时,则上述过程重复。

2. 微分、整形电路

电路如图 2.15.3 所示。CC4013(b)的 Q_2 端所产生的上升沿经微分电路后,送到由与非门 CC4011 组成的斯密特整形电路的输入端,在其输出端可得到一个边沿十分陡峭且具有一定脉冲宽度的负脉冲,然后再送至下一级延时电路。

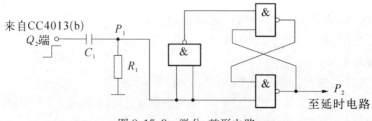

图 2.15.3　微分、整形电路

3. 延时电路

延时电路由 D 触发器 CC4013(c)、积分电路(由电位器 R_{W1} 和电容器 C_2 组成)、非门 3 以及单稳态电路所组成,如图 2.15.4 所示。由于 CC4013(c)的 D_3 端接 V_{DD},因此,在 P_2 点所产生的上升沿作用下,CC4013(c)翻转,翻转后 $\overline{Q}_3 = 0$,由于开机置"0"时或门 1(见图 2.15.4)输出的正脉冲将 CC4013(c)的 Q_3 端置"0",因此 $\overline{Q}_3 = 1$,经二极管 2AP9 迅速给电容 C_2 充电,使 C_2 两端的电压达"1"电平,而此时 $\overline{Q}_3 = 0$,电容器 C_2 经电位器 R_{W1} 缓慢放电。当电容器 C_2 上的电压放电降至非门 3 的阈值电平 V_T 时,非门 3 的输出端立即产生一个上升沿,触发下一级单稳态电路。此时,P_3 点输出一个正脉冲,该脉冲宽度主要取决于时间常数 $R_t C_t$ 的值,延时时间为上一级电路的延时时间及这一级延时时间之和。

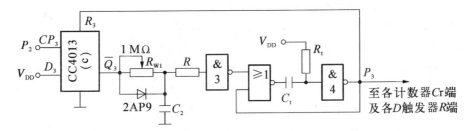

图 2.15.4 延时电路

由实验求得,如果电位器 R_{W1} 用 510 Ω 的电阻代替,C_2 取 3 μF,则总的延迟时间也就是显示器所显示的时间为 3 s 左右。如果电位器 R_{W1} 用 2 MΩ 的电阻取代,C_2 取 22 μF,则显示时间可达 10 s 左右。可见,调节电位器 R_{W1} 可以改变显示时间。

4. 自动清零电路

P_3 点产生的正脉冲送到图 2.15.5 所示的或门组成的自动清零电路,将各计数器及所有的触发器置零。在复位脉冲的作用下,$Q_3 = 0$,$\overline{Q}_3 = 1$,于是 $\overline{Q}_3$ 端的高电平经二极管 2AP9 再次对电容 C_2 送电,补上刚才放掉的电荷,使 C_2 两端的电压恢

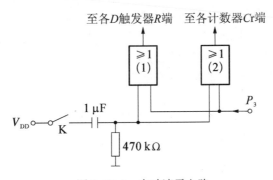

图 2.15.5 自动清零电路

复为高电平,又因为CC4013(b)复位后使Q_2再次变为高电平,所以与非门1又被开启,电路重复上述变化过程。

四、整机电路图

整机电路图(参考)见图2.15.6。

五、组装和调试

(1) 时基信号通常使用石英晶体振荡器输出的标准频率信号经分频电路获得。为了实验调试方便,可用实验设备上脉冲信号源输出的1 kHz方波信号经3次10分频获得。

(2) 按设计的数字频率计逻辑图在实验装置上布线。

(3) 用1 kHz方波信号送入分频器的CP端,用数字频率计检查各分频级的工作是否正常。用周期为1 s的信号作控制电路的时基信号输入,用周期等于1 ms的信号作被测信号,用示波器观察和记录控制电路输入、输出波形,检查控制电路所产生的各控制信号能否按正确的时序要求控制各个子系统。用周期为1 s的信号送入各计数器的CP端,用发光二极管指示检查各计数器的工作是否正常。用周期为1 s的信号作延时、整形单元电路的输入,用两只发光二极管作指示,检查延时、整形单元电路的输入,用两只发光二极管作指示,检查延时、整形单元电路的工作是否正常。若各个子系统的工作都正常了,再将各子系统连起来统调。

(4) 调试合格后,写出综合实验报告。

六、实验报告要求

(1) 数字频率计原理电路的设计,内容包括:

① 简要说明数字频率计电路的工作原理和主要元器件在电路中的作用。

② 元器件参数的确定和元器件的选择。

③ 分析产生误差的原因。

(2) 总结数字频率计整个调试过程。

(3) 分析调试中发现的问题及故障排除方法。

注:

(1) 若测量的频率范围低于1 MHz,分辨率为1 Hz,建议采用如图2.15.6所示的电路,只要参数选择正确,连线无误,通电后即能正常工作,无需调试。有关它的工作原理留给同学们自行研究分析。

(2) CC4553三位十进制计数器引脚排列及功能。

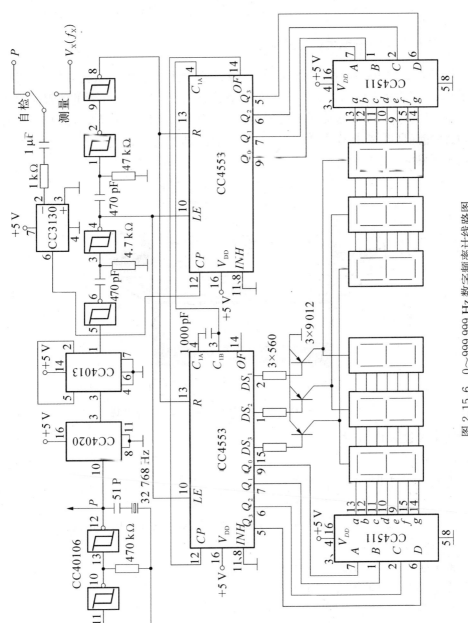

图 2.15.6　0~999 999 Hz 数字频率计线路图

附录一 常用电子仪器

一、KHM-2型模拟电路实验装置

KHM-2型模拟电路综合实验装置是浙江天煌科技实业有限公司根据"模拟电子技术"实验教学大纲的要求,广泛吸取各高等院校及实验工作者的建议而设计的开放式实验台。本装置能对上述全部模拟电路实验项目和课程设计进行实验操作,其性能优良可靠、操作方便、便于管理,为用户提供一个既可作为教学实验、又可用于开发的工作平台(图 F1.1.1)。

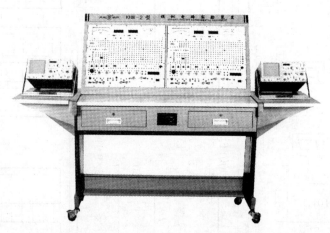

图 F1.1.1 KHM-2型模拟电路综合实验装置外观

主要技术参数图 F1.1.2:

稳压电源:

  四路直流稳压电源 ① +5 V   1 A;
           ② -5 V   1 A;
           ③ 两路 0~18 V、0.75 A 可调直流稳压电源。

函数信号发生器:

输出频率范围:2 Hz~2 MHz;

输出幅度峰峰值为:0~16 V_{p-p};

信号源可输出波形:正弦波、方波、三角波;

输出频率分七个频段选择:2 Hz、20 Hz、200 Hz、2 kHz、20 kHz、200 kHz、2 MHz;

直流信号源:-5~+5 V 可调的直流信号。

数显频率计:

测量范围为：1 Hz～2 MHz，有六位共阴极 LED 数码管予以显示；

闸门时基：1 s；

灵敏度：① 35 mV　（1～500 kHz）；

② 100 mV(500 kHz～2 MHz)；

直流数字电压表(量程)：200 mV、2 V、20 V、200 V 四挡；

直流数字毫安表(量程)：2 mA、20 mA、200 mA 三挡。

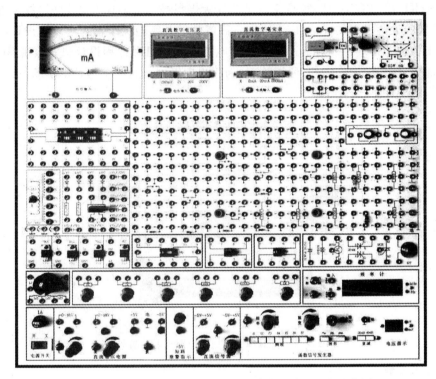

图 F1.1.2　KHM-2 型模拟电路综合实验装置面板示意图

注意事项：

(1) 使用前应先检查各电源是否正常。

(2) 接线前务必熟悉实验大块板上各单元、元器件的功能及其接线位置，特别要熟知各集成块插脚引线的排列方式及接线位置。

(3) 实验接线前必须先断开总电源，严禁带电接线。

(4) 接线完毕，检查无误后，再插入相应的集成电路芯片后方可通电；只有在断电后方可拔下集成芯片，严禁带电插拔集成芯片。

(5) 实验台面始终要保持整洁，不可随意放置杂物，特别是导电的工具和导线等，以免发生短路等故障。

(6) 本实验装置上的直流电源及各信号源设计时仅供实验使用,一般不外接其他负载或电路。如作他用,则要注意使用的负载不能超出本电源或信号源的范围。

(7) 实验完毕,及时关闭电源开关,并及时清理实验板面,整理好连接导线并放置规定的位置。

二、KHD-2型数字电路实验装置

KHD-2型数字电路实验装置是浙江天煌科技实业有限公司根据"数字电子技术"实验教学大纲的要求,广泛吸取各高等院校及实验工作者的建议而设计的开放性实验台。本装置能对上述全部数字电路实验项目和课程设计进行实验操作,其性能优良可靠、操作方便、便于管理,为用户提供一个既可作为教学实验、又可用于开发的工作平台(图 F1.2.1)。

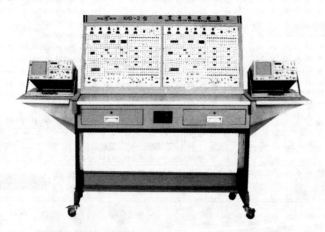

图 F1.2.1　KHD-2型数字电路实验装置外观

主要技术参数:

稳压电源:

  四路直流稳压电源　　　① +5 V　　　1 A;

  　　　　　　　　　　　② -5 V　　　1 A;

  　　　　　　　　　　　③ 两路 0~18 V、0.75 A 可调直流稳压电源。

脉冲信号源:

(1) 两路单次脉冲源。

(2) 连续可调的脉冲信号源。

频率:1 Hz、1 kHz、20 kHz 附近连续可调的脉冲信号源。

(3) 频率连续可调的计数脉冲信号源。

频率:0.5 Hz~200 kHz;

幅度:3.5 V。

逻辑笔:

可显示高电平、低电平、中间电干或高阻态。

该实验装置设有六位十六进制七段译码器与 LED 数码显示器、四位 BCD 码十进制拨码开关组、十六位逻辑电平输入、输出,还装置有报警指示电路、精密电位器、碳膜电位器、晶振、电容及音乐片、扬声器、八位拨码开关等元器件,以帮助完成各种脉冲与数字电路实验的需要(图 F1.2.2)。

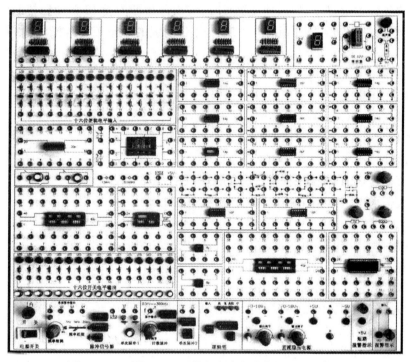

图 F1.2.2　KHD-2型数字电路实验装置面板示意图

使用注意事项:

(1) 使用前应先检查各电源是否正常。

(2) 接线前务必熟悉实验大块板上各单元、元器件的功能及其接线位置,特别要熟知各集成块插脚引线的排列方式及接线位置。

(3) 实验接线前必须先断开总电源,严禁带电接线。

(4) 接线完毕,检查无误后,再插入相应的集成电路芯片后方可通电;只有在断电后方可拔下集成芯片,严禁带电插拔集成芯片。

(5) 实验始终,板面上要保持整洁,不可随意放置杂物,特别是导电的工具和导线等,以免发生短路等故障。

(6) 实验完毕，及时关闭电源开关，并及时清理实验板面，整理好连接导线并放置在规定的位置。

三、XJ4316 示波器

1. 概述

XJ4316 型二踪示波器具有 20 MHz 频带宽度，最高灵敏度为 1 mV/div，故能观察微弱信号；该仪器具有独特的交替触发功能，能同时观察和测量两个时间不相关信号的各种参量；最大扫描速度为 0.2 μs/div，并可扩展 10 倍使扫描时间达到 20 ns/div。该示波器采用 6inch 并带有内部刻度的矩形 CRT，操作简单，稳定可靠。

2. 技术指标

(1) 垂直系统。

频带宽度：DC～20 MHz；

上升时间：≤17.5 ns；

灵敏度：5 mV/div～5 V/div 分 10 挡；

垂直模式：CH1、CH2、双通道(DUAL)、CH1±CH2(ADD)；

最大输入电压：300 V 峰值(AC：频率≤1 kHz)。

(2) 水平系统。

扫描时间：0.2 μs/div～0.5 s/div 分 20 挡；

扫描扩展：×10；

扫描方式：自动、常态、$X-Y$、外；

触发方式：CH1、CH2、TV-H、TV-V、交替；

(3) 一般性能。

有效屏幕面积：8×10 div(1 div=1 cm)；

轨迹旋转：面板可调；

使用电源：AC：220 V/50 Hz。

3. 旋钮作用(图 F1.3.1)

(1) 显示(CRT)。

⑥ 电源：主电源开关，当此开关开启时发光二极管⑤发亮。

② 亮度：调节轨迹或亮点的亮度。

③ 聚焦：调节轨迹或亮点的聚焦。

④ 轨迹旋转：半固定的电位器用来调整水平轨迹与刻度线的平行。

㉝ 滤色片：使波形看起来更加清晰。

(2) 垂直轴。

⑧ CH1(X)输入:在 X-Y 模式下,作为 X 轴输入端。
⑳ CH2(Y)输入:在 X-Y 模式下,作为 Y 轴输入端。
⑩⑱ AC-GND-DC:选择垂直轴输入信号的输入方式。
AC:交流耦合。
GND:垂直放大器的输入接地,输入端断开。
DC:直流耦合。
⑦㉒ 垂直衰减开关:调节垂直偏转灵敏度从 5 mV/div~5 V/div 分 10 挡。
⑨㉑ 垂直微调:微调灵敏度大于或等于 1/2.5 标志值,在校正位置时,灵敏度校正为标志值。当该旋钮拉出后(×10 状态)放大器的灵敏度乘以 5。
⑬⑰ CH1 和 CH2 的 DC BAL:这两个用于衰减器的平衡调试。
⑪⑲ ▼▲垂直位移:调节光迹在屏幕上的垂直位置。
⑭ 垂直方式:选择 CH1 与 CH2 放大器的工作模式。

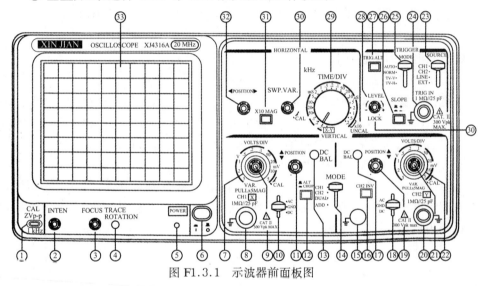

图 F1.3.1 示波器前面板图

CH1 或 CH2:信道 1 或信道 2 单独显示。
DUAL:两个通道同时显示。
ADD:显示两个通道的代数和 CH1+CH2。按下 CH2 INV ⑯按钮,为代数差 CH1-CH2。
⑫ ALT/CHOP:在双踪显示时,放开此键,表示通道 1 与通道 2 交替显示,按下此键,通道 1 与通道 2 同时断续显示。
⑯ CH2 INV:通道 2 的信号反向,当按下此键时,通道 2 的信号以及通道 2 的触发信号同时反向。

(3) 触发。

㉔ 外输入端子:用于外部触发信号。当使用该功能时,开关㉓应设置在 EXT 的位置上。

㉓ 触发源选择:选择内(INT)或外(EXT)触发。

CH1:当垂直方式选择开关⑭设定在 DUAL 或 ADD 状态时,选择通道 1 作为内部触发信号源。

CH2:当垂直方式选择开关⑭设定在 DUAL 或 ADD 状态时,选择通道 2 作为内部触发信号源。

TRIG㉗:当垂直方式选择开关⑭设定在 DUAL 或 ADD 状态,而且触发源开关㉓选在上,按下㉗时,它会选择通道 1 和通道 2 作为内部触发信号源。

LINE:选择交流电源作为触发信号。

EXT:外部触发信号接于㉔作为触发信号源。

㉖ 极性:触发信号的极性选择。"+"上升沿触发,"-"下降沿触发。

㉘ 触发电平:显示一个同步稳定的波形,并设定一个波形的起始点。向"+"旋转触发电平向上移,向"-"旋转触发电平向下移。

㉕ 触发方式:

选择触发方:AUTO:自动　　当没有触发信号输入时扫描在自由模式下。
　　　　　　NORM:常态　　当没有触发信号时,踪迹处在待命状态并不显示。
　　　　　　TV‑V:电视场　 当想要观察一场的电视信号时。
　　　　　　TV‑H:电视行　 当想要观察一行的电视信号时。

㊴ 触发电平锁定:将触发电平旋钮㉘向顺时针方向转到底,触发电平被锁定在一固定电平上,这时改变扫描速度或信号幅度时,不再需要调节触发电平,即可获得同步信号。

(4) 时基。

㉙ 水平扫描速度开关:扫描速度可以分 20 挡,从 $0.2\ \mu s/div$—$0.5\ s/div$。当设置到 X‑Y 位置时可用作 X‑Y 示波器。

㉚ 水平微调:微调水平扫描时间,使扫描时间被校正到与面板上 TIME/DIV 指示的一致。TIME/DIV 扫描速度可连续变化,当反时针旋转到底为校正位置。整个延时可达 2.5 倍。

㉜ ◀▶水平位移:调节光迹在屏幕上的水平位置。

㉛ 扫描扩展开关:按下时扫描速度扩展 10 倍。

(5) 其他。

① CAL:提供幅度为 $2\ V_{p\text{-}p}$ 频率 1 kHz 的方波信号,用于校正 10∶1 探头的补偿电容器和检测示波器垂直与水平的偏转因数。

⑮ GND:示波器机箱的接地端子。

4. 基本操作方法

(1) 基本使用方法。

示波器使用电压为 220 V±10%。接通电源前,检查当地电源电压,如果不相符合,则严禁使用。

(2) 基本操作。

将有关控制件按表 F1.3.1 位置调节。

表 F1.3.1 基本操作示意表

旋钮	序号	设置
辉度(INTEN)	②	适中
聚焦(FOCUS)	③	适中
垂直方式(VERT MODE)	⑭	通道1
交替/断续(ALT/CHOP)	⑫	释放(ALT)
垂直位移(POSITION)	⑪⑲	居中
垂直衰减开关(VOLTS/DIV)	⑦㉒	0.5 V/DIV
微调(VARIABLE)	⑨㉑	校准位置
AC—GND—DC	⑩⑱	GND
扫描时间(TIME/DIV)	㉙	0.5 mS/div
微调(SWP. VER)	㉚	适中
水平位移(POSITION)	㉜	居中
扫描扩展(×10 MAG)	㉛	释放
触发方式(TRIGGER MODE)	㉕	自动
触发极性(SLOPE)	㉖	+
触发源(SOURCE)	㉓	内(INT)
极性(SLOPE)	㉖	+

正常情况下,接通电源,电源指示灯亮,20 秒钟后屏幕上会出现一扫线,如扫线与水平刻度线不平行,可调节光迹旋转电位器。

为便于信号的观察,将扫速及衰减开关调至适当位置,使显示波形幅度适中、周期适中。

① 双通道操作。改变垂直方式到 DUAL 状态,通道 2 的光迹也会出现在屏幕上(与 CH1 相同)。这时通道 1 显示一个方波(来自校正信号输出的波形),而通道 2 则仅显示一条直线,因为没有信号接到该通道。现在将校正信号接到 CH2 的输入端与 CH1 一致,将 AC—GND—DC 开关设置到 AC 状态,调整垂直位置 1111 和 1919 使两通道的波形在屏幕上显示。释放 ALT/CHOP 开关,置于 ALT 方式。CH1 和 CH2 的信号交替地显示到屏幕上,此设定用于观察扫描时间较短的两路信号。按下 ALT/CHOP 开关,置于 CHOP 方式,CH1 与 CH2 上的信号以 250 kHz 的速度独立的显示在屏幕上,此设定用于观察扫描时间较长的两路信号。在进行双通道操作时(DUAL 或加减方式)必须通过触发信号源的开关来选择通道 1 或通道 2 的信号作为触发信号。如果 CH1 与 CH2 的信号同步,则两个波形都会稳定显示出来。反之,则仅有触发信号源的信号可以稳定地显示出来;如果将 TRIG/ALT 开关按下,则两个波形都会同时稳定地显示出来。

② 相加操作。通过设置"垂直方式开关"在"相加"方式下,屏幕显示的是 CH1 与 CH2 信号的代数和,如果 CH2 反极性按钮按下,屏幕显示的是 CH1 与 CH2 之差。

③ 触发。触发方式参见表 F1.3.2。

表 F1.3.2 触发方式

		垂直方式			
		CH1	CH2	DUAL	ADD
触发源	CH1	由 CH1 信号触发	由 CH2 信号触发	由 CH1 信号触发	
	CH2			由 CH2 信号触发	
	LINE	由电源信号触发			
	EXT	由外加信号触发			

CH1:在"双踪"和"相加"操作方式时,用 CH1 输入信号作为触发信号。
CH2:在"双踪"和"相加"操作方式时,用 CH2 输入信号作为触发信号。
LINE:用电源信号作为触发信号。
EXT:用外加信号作为触发信号。

④ 扫描扩展。当被测波形的某一位置需要沿时间轴方向扩展时,就需要用一个较快的扫描速度,按下扫描扩展按钮,此时,波形将由屏幕中心向两边扩展 10 倍。

⑤ 探极的校准。探极为一范围很宽的衰减器,需进行适当的相位补偿,以获得较理想的波形。见图 F1.3.2。

图 F1.3.2　探极的相位补偿情况

⑥ 观察信号波形。按照示波器的操作流程测量信号。调节 VOLT/div 和 TIME/div 旋钮,使信号波形幅度适中,周期适中;调节电子(LEVEL)旋钮,使被测信号稳定触发,在屏幕上显示稳定的信号波形。

四、SH2175B 交流毫伏表

SH2175B 交流毫伏表是由集成电路及晶体管组成的高稳定度的放大器及电表指示电路等组成。具有较高的灵敏度和温度稳定性,可用于测量正弦波电压的有效值。本仪器还具有分贝标尺,可用来作电平指示。面板见图 F.1.4.1。

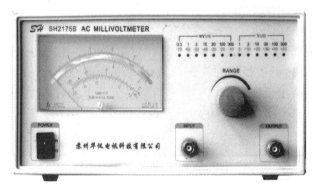

图 F1.4.1　SH2175B 型毫伏表面板图

1. 主要技术指标

① 测量交流电压范围:30 μV～300 V(13 挡);

② 测量电平范围:－90～＋50 db;

③ 频率范围:5 Hz～5 MHz;

④ 输入阻抗:≥2 MΩ;≤40 pF;

⑤ 交流精度:±2%;

⑥ 本机噪声:≥5 μV。

2. 使用及注意事项

① 仪器的电源电压应该是额定值 220 V 允差 ±10%。

② 机械零指示调整。当在电源关时，如果表头指针不是在零上，用一个绝缘起子调节机械螺丝，使指针置于零。

③ 过量的输入电压。该仪器的最大输入电压为 AC 峰值 + DC = 600 V，若大于 600 V 的峰值电压加到输入端，部分电路可能被损坏。

④ 输入波形。该仪器给出的指示与输入波形的平均值相符合，按正弦波的有效值校准，因此输入电压波形的失真会引起读数的不准确。

⑤ 感应噪声。当被测量的电压很小时，或者被测量电压源阻抗很高时，一个不正常指示可以归结为外部噪声感应的结果。如果这个现象发生，可利用屏蔽电缆减少或消除噪声干扰。

3. 操作方法

① 仪器接通电源以前，应先检查电表指针是否在零上，如果不在零上，用调节螺丝调整到零。

② 插入电源。

③ 约五秒钟仪器运行稳定。

④ 交流电压的测量。

当"输入"端加入测量电压时，表头将指示电压的存在。如果读数小于满刻度 30%，逆时针方向转动量程旋钮逐渐地减小电压量程，当指针大于满刻度 30% 又小于满刻度值时读出示值。在刻度上有两个最大的电压校准"1"和"3"，表 F1.4.1 说明了"量程"旋转的位置与电压刻度之间的关系。

表 F1.4.1　量程位置与电压刻度之间的关系

量程	刻度	倍剩器	电压 V/刻度	量程	刻度	倍剩器	电压 V/刻度
300 V	0～3	100	10 V	100 mV	0～1	100	2 mV
100 V	0～1	100	2 V	30 mV	0～3	10	1 mV
30 V	0～3	10	1 V	10 mV	0～1	10	0.2 mV
10 V	0～1	10	0.2 V	3 mV	0～3	1	0.1 mV
3 V	0～3	1	0.1 V	1 mV	0～1	1	0.02 mV
1 V	0～1	1	0.02 V	0.3 mV	0～3	1/10	0.01 mV
300 mV	0～3	100	0.01 V				

五、UT58A 数字万用表

1. 概述

UT58A 数字万用表是一种操作方便、读数精确、功能齐全、体积小巧、携带方便、使用电池作电源的手持袖珍式大屏幕液晶显示数字万用表。该机电路设计以 COMS 大规模集成电路,双积分 A/D 转换器为核心并配以全功能过载保护,可用来测量直流和交流电压、电流、电阻、电容、二极管、温度、频率以及电路通断,是用户的理想工具。

2. 技术指标

直流电压:200 mV/2 V/20 V/200 V/1 000 V	±(0.5%+1)
交流电压:2 V/20 V/200 V/1 000 V	±(0.8%+3)
直流电流:20 V/2 mA/20 mA/200 mA/20 A	±(0.8%+1)
交流电流:2 mA/200 mA/20 A	±(1%+3)
电阻:200 Ω/2 kΩ/20 kΩ/2 MΩ/20 MΩ	±(0.8%+1)
电容:2 nF/200 nF/100 F	±(4%+3)

3. 外表结构

UT58A 数字万用表外部结构,见图 F1.5.1。

图 F1.5.1　UT58A 数字万用表

① 电源开关。
② 电容测试座。
③ LCD 显示器。
④ 温度测试座。
⑤ 功能开关。
⑥ 晶体管测试座。
⑦ 输入插座。

4．测量操作说明

(1) 电压测量。

① 将黑表笔插入 COM 插孔,红表笔插入 VΩ 插孔。

② 测 DCV 时,将功能开关置于 DCV 量程范围(测 ACV 时则应置于 ACV 量程范围)。并将测试表笔并接到待测电源或负载上,在显示电压读数时,同时会指示出红表笔所接端子的极性。

注意:

① 如果不知被测电压范围,应首先将功能开关置于最大量程,视情况降至合适的量程。

② 如果只显示"1",表示过量程,功能开关应置于更高量程。

③ DCV 不要输入高于 1 000 V 的电压(ACV 时不要输入高于 750 V 有效电压)。

(2) 电流测量。

① 将黑表笔插入 COM 插孔,当被测电流在 200 mA 以下时红表笔插入 A 孔;如被测电流在 200 mA～2 A 之间,则应将红表笔插入 20 A 孔。

② 将功能开关置于 DCA 或 ACA 量程范围,测试表笔串入被测电路中。

注意:

① 如果被测电流范围未知,应首先将功能开关置于高挡,视情况降至合适的量程。

② 如果只显示"1",表示已超过量程,必须调高量程挡级。

③ A 插孔输入时,过载会将内装的保险丝熔断,需予以更换,保险丝规格为 0.2 A。

④ 20 A 插孔未装保险丝,测量时间应小于 15 s。

(3) 电阻测量。

① 将黑表笔插入 COM 插孔,红表笔插入 VΩHz 插孔(注意红表笔极性为"+")。

② 将功能开关置于 Ω 量程上,将测试笔跨接在被测电阻上。

注意：

① 当输入开路时，会显示过量程状态"1"。

② 如果被测电阻超过所用量程，则会指示出过量程"1"需换用高挡量程。

③ 检测在线电阻时，须确认被测电路已关去电源，同时电容已放完电，方可进行测量。

(4) 电容测量。

① 接上电容以前，显示可以缓慢的自动校零，但在 2 nF 量程上剩余 10 个字以内无效是正常的。

② 把测量电容插入插孔（不用试棒），有必要时注意极性连接。

注意：

① 测试单个电阻时，要把电阻脚插入位于面板左下边的两个插孔中（插进测试孔之前电容器务必把电放尽）。

② 不要把一个外部电压或已充好电的电容器（特别是大电容器）联接在测试电路上。

附录二 集成电路命名规则

一、集成电路国家标准型号命名规则

见表 F2.1.1。

表 F2.1.1 集成电路国家标准型号命名规则

第 0 部分		第一部分		第二部分	第三部分		第四部分	
用字母表示器件符合国家标准		用字母表示器件类型		用阿拉伯数字表示器件的系列和代号	用字母表示器件的工作温度范围		用字母表示器件的封装	
符号	意义	符号	意义		符号	意义	符号	意义
C	中国制造	T	TTL		C	0～70℃	W	陶瓷扁平
		H	HTL		E	−40～85℃	B	塑料扁平
		E	ECL		R	−55～85℃	F	全密封扁平
		C	COMS		W	−55～125℃	D	陶瓷直插
		F	线性放大器				P	塑料直插
		D	音响、电视电路				J	黑陶瓷直插
		W	稳压器				K	金属菱形
		J	接口电路				T	金属圆形
		B	非线性电路					
		M	存储器					
		μ	微型机电路					

举例说明：

例1： C　　　T　　　4020　　　C　　　P
　　　(1)　　(2)　　 (3)　　　(4)　　(5)

(1) C 是第 0 部分，表示中国制造。通常在实际使用时，第一个字母 C 被省略。

(2) T 是第一部分，表示是 TTL 电路。

(3) 4020 是第二部分，它们是一组 4 位阿拉伯数字的代码，其中分为数字的首位和数字的后三位尾数两部分。

① 数字的首位(4)表示器件所属的系列。在我国，将 TTL 电路按速度、功耗和性能分为 4 个系列，它们分别与国外通用的 54/74 型系列相对应。

a. 1000 系列是标准系列,与 54/74 系列相对应。

b. 200G 系列是高速系列,与 54H/74H 系列相对应。

c. 3000 系列是肖特基系列,与 54S/74S 系列相对应。

d. 4000 系列是低功耗肖特基系列,与 54LS/74LS 系列相对应。

② 数字的尾数(020)表示器件品种的代号。无论是属于上述 4 系列中的哪一个,只要尾数相同,就属于同一品种。即它的器件逻辑名称、逻辑功能和输出端排列次序均相同。

因此,上述的 CT4020 则表示是一个 TTL 低功耗肖特基的双 4 输入与非门。它能与国外通用的 74LS20 互换使用。

(4) C 是第二部分,表示器件工作温度在 0~70℃(就工作温度而言,字母 C 与国外 74 系列相对应;字母 M 与国外 54 系列相对应)。

(5) P 是第四部分,表示器件是塑料封装,双列直插式结构。

例 2:CC4012 器件。

该器件是中国制造的 CMOS 数字集成电路,属于 4000 系列。其电源电压范围是 +3~+18 V。它与国外通用 CD4000、MC4000 系列可互换。CC4912 是一个 CMOS 双 4 输入与非门。

二、其他型号集成电路的识别

除上述国家标准型号外,在我国还广泛使用着各种型号集成电路。常见的是我国电子工业部的标准型号。属于 TTL 电路的有 T000 系列;属于 CMOS 电路的有 C000 系列(它的电源电压范围是 +7~+15 V)。另外,还有品种繁多的各生产厂家自定的型号。为了识别这些型号的器件特性,必须查阅相应的手册。

三、电路的结构和引出端的排列次序

器件常用的封装结构形式有双列直插式的和扁平式的两种,使用时必须认定器件的正方向。

图 F2.3.1 表示双列直插结构形式的俯视图。它是以一个凹口(或一个小圆孔)置于使用者左侧时为正方向(扁平结构器件以面对印有器件型号的正放位置作为正方向)。正方向确定以后,器件的左下角为第一脚,按逆时针方向依次读脚。

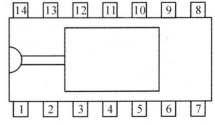

图 F2.3.1 双列直插结构形式的俯视图

四、TTL 电路的使用规则

(1) 电源电压 $V_{CC} = +5$ V(推荐值为 $+4.75 \sim +5.25$ V)。

TTL 电路存在电源尖峰电流,要求电源具有小的内阻和良好的地线,必须重视电路的滤波。要求除了在电源输入端接有 50 μF 电容的低频滤波外,每隔 5~10 个集成电路,还应接入一个 0.01~0.1 μF 的高频滤波电容。在使用中规模以上集成电路时和在高速电路中,还应适当增加高频滤波。

(2) 不使用的输入端处理办法(以与非门为例)。

① 若电源电压不超过 5.5 V,可以直接接入 V_{CC} 也可以串入一只 1~10 kΩ 的电阻。

② 可以接至某一固定电压($+2.4$ V $\leqslant u \leqslant 4.5$ V)的电源上,也可接在输入端接地的多余与非门或反相器的输出端。

③ 若前级驱动能力允许,可以与使用的输入端并联使用,但应注意,对于 T4000 系列器件,应避免这样使用。

④ 悬空,相当于逻辑 1,对于一般小规模电路的数据输入端,实验时允许悬空处理。但是输入端悬空容易受干扰,破坏电路功能。对于接有长线的输入端,中规模以上的集成电路和使用集成电路较多的复杂电路,所有控制输入端必须按逻辑要求可靠地接入电路,不允许悬空。

⑤ 对于不使用的与非门,为了降低整个电路功耗,应把其中 1 个输入端接地。

⑥ 或非门,不使用的输入端应接地;对于与或非门中不使用的与门,至少应有 1 个输入端接地。

(3) TIL 电路输入端通过电阻接地,电阻 R 值的大小直接影响电路所处的状态。当 $R \leqslant 680$ Ω 时,输入端相当于逻辑 0;当 $R \geqslant 10$ kΩ 时,输入端相当于逻辑 1。对于不同系列的器件,要求的阻值不同。

(4) TTL 电路(除集电极开路输出电路和三状态输出电路外)的输出端不允许并联使用。否则,不仅会使电路逻辑混乱,并会导致器件损坏。

(5) 输出端不允许直接与 +5 V 电源或地连接,否则将会造成器件损坏。

有时为了使后级电路获得较高的输出高电平(例如,驱动 CMOS 电路),允许输出端通过电阻 R(称为提升电阻)接至 V_{CC},一般取 R 为 3~5.1 kΩ。

五、CMOS 电路使用规则

(1) V_{DD} 接电源正极,V_{SS} 接电源负极(通常接地),电源绝对不允许反接(图 F2.5.1)。

CC4000 系列的电源电压允许在 +3~+18 V 范围内选择。实验中一般要求使用+5 V电源。

C000系列的电源电压允许在+7～+15 V范围内选择。

工作在不同电源电压下的器件,其输出阻抗、工作速度和功耗等参数也会不同,在设计使用中应引起注意。

(2) 对器件的输入信号 V_I 要求其电压范围在 $V_{SS}<V_I<V_{DD}$。

(3) 所有输入端一律不准悬空。输入端悬空不仅会造成逻辑混乱,而且容易损坏器件。如果安装在电路板上的器件输入端有可能出现悬空时(例如,在印刷电路板从插座拔下后),必须在电路板的输入端加接限流电阻 R_D 和保护电阻 R,如图 F2.5.1 所示,R_D 阻值选取通常使输入电流不超过 1 mA,故 $R_D = V_{DD}/1$ mA,当 $V_{DD}=+5$ V 时,$R_D \approx 5.1$ kΩ。R 一般取 100 kΩ～1 MΩ。

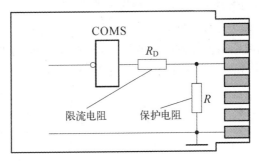

图 F2.5.1　印刷电路板上的限流电阻和保护电阻

CMOS电路具有很高的输入阻抗,致使器件易受外界干扰、冲击和静电击穿。因此,通常在器件内部输入端接有如图 F2.5.2 所示的二极管保护电路(其 R 约为 1.5～2.5 kΩ)。输入保护网络的引入,器件输入阻抗有一定的下降,但仍能达到 10^8 Ω 以上(图 F2.5.2)。

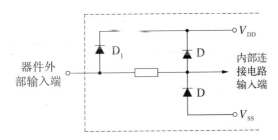

图 F2.5.2　器件内部保护电路

但是保护电路吸收的瞬变能量有限。太大的瞬变信号和过高的静电电压将使保护电路失去作用。因此,在使用与存放时应特别注意。

(4) 不使用的输入端应按照逻辑要求直接接 V_{DD} 或 V_{SS},在工作速度不高的电路中,允许输入端并联使用。

(5) 输出端不允许直接与 V_{DD} 或 V_{SS} 连接,否则将导致器件损坏。

除三态输出器件外,不允许两个器件输出端连接使用。

为了增加驱动能力,允许把同一芯片上电路并联使用。此时,器件的输入端与输出端均对应相连。

(6) 在装接电路、改变电路连线或插拔电路器件时,必须切断电源,严禁带电操作。

(7) 焊接、测试和储存时的注意事项:

① 电路应存放在导电的容器内。

② 焊接时必须将电路板的电源切断;电烙铁外壳必须良好接地,必要时可以拔下电烙铁电源,利用烙铁的余热进行焊接。

③ 所有测试仪器外壳必须良好接地。

④ 若信号源与电路板使用两组电源供电,开机时,先接通电路板电源,再接通信号源电源;关机时,先断开信号源电源,再断开电路板电源。

附录三 部分集成电路引脚排列

一、常用集成电路型号对照表

见表 F3.1.1。

表 F3.1.1 常用集成电路型号对照表

器件名称	TTL 电路			COMS 电路	
	CT 系列	T000 系列	74LS 系列	CC 系列	C000 系列
四 2 输入与非门	000	T065	74LS00	4011	C036
四 2 输入与非门(OC)	003	T066	74LS03		
六反相器	004	T082	74LS04	4069	C033
双 4 输入与非门	020	T063	74LS20	4012	C034
4 线——七段译码器/驱动器(BCD 输入,有上拉电阻)	048 064	T072	74LS48 74LS54	4511	
4 路——4—2—3—2 输入与非门	072		74LS72		
与门输入主从 JK 触发器(有预置、清除端)	074 086	T077 T690	74LS74 74LS86	4013 4070	C043 C660
双上升沿 D 触发器	112	T079	74LS112		
四 2 输入异或门	123		74LS123	14528	C210
双下降沿 JK 触发器	125		74LS125		
双可重触发单稳态触发器	138	T330	74LS138		
四总线缓冲器(3S)	153	T574	74LS153	14539	
3 线—8 线译码器	160	T216	74LS150	40160	
双 4 选 1 数据选择器(有使能端)	161	T214	74LS161	40161	
十进制可预置同步计数器(异步清除)	183	T694	74LS183		C661
4 位二进制可预置同步计数器(异步清除)	190		74LS190	4510	C188
双进位保留全加器	191		74LS191	4516	C189
十进制可预置同步加/减计数器	192	T217	74LS192	40192	C181
4 位二进制可预置同步加/减计数器	193	T215	74LS193	40193	C184
十进制可预置同步加/减计数器(双时钟)					
4 位二进制可预置同步加/减计数器(双时钟)					

二、引出端排列图

74LS00 四2输入与非门

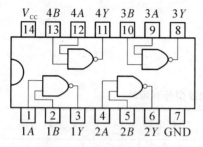

74LS02 二输入端四或非门

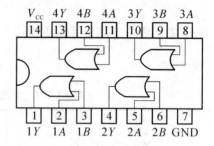

74LS03 二输入端四与非门（OC）

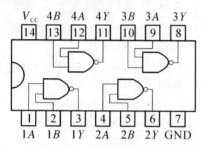

74LS04 六反相器

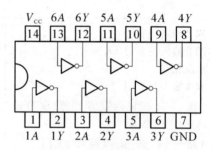

74LS08 二输入端四与门

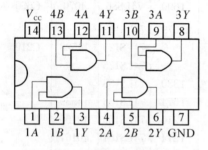

74LS10 三输入端三与非门

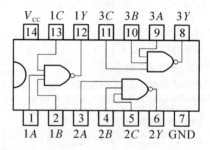

74LS20 双4输入与非门

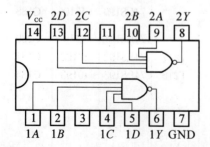

74LS30 八输入与非门

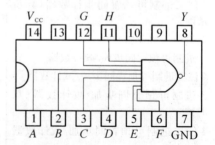

图 F3.2.1

74LS32 二输入端四或门

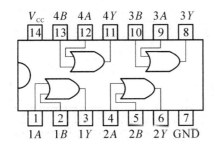

74LS47 共阳 4-7 译码器/驱动器

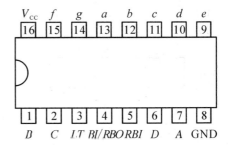

74LS48 共阴 4-7 译码器/驱动器

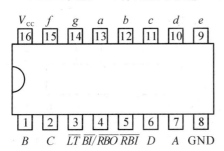

74LS73 双 JK 触发器

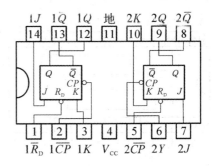

74LS74 上升沿 D 触发器

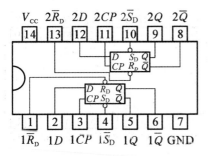

74LS85 集成数值比较器

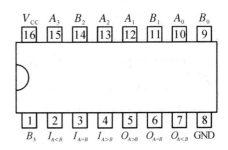

74LS112 双 JK 触发器

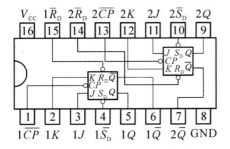

74LS125 四总线缓冲器

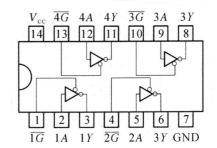

图 F3.2.1(续)

74LS138 3线—8线译码器

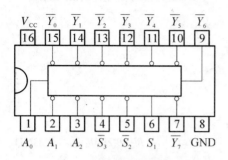

74LS151 8选1数据选择器

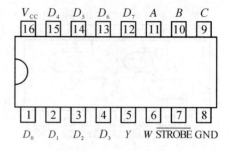

74LS153 双4选1数据选择器

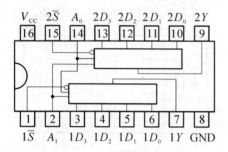

74LS160 十进制同步计数器

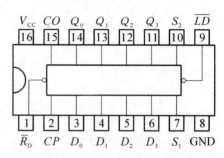

十进制同步加/减计数器 74LS190

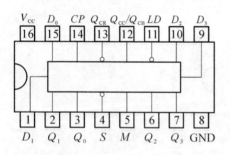

74LS192 十进制同步加/减计数器

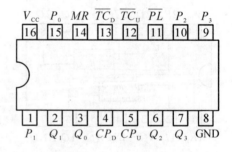

74LS194 4位双向移位寄存器

74LS248 共阴极译码驱动器

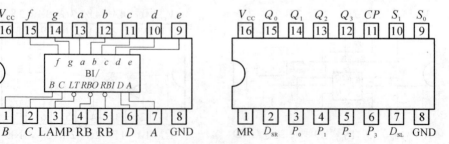

图 F3.2.1(续)

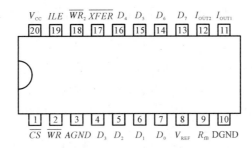

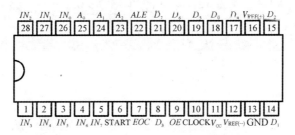

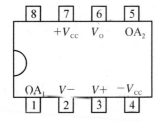

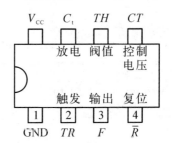

图 F3.2.1(续)

附录四 EWB软件简介

电子工作平台 Electronics Work Bench（EWB）（现称为 MultiSim）软件是加拿大 Interactive Image Technologies 公司于 20 世纪 80 年代末、90 年代初推出的电子电路仿真的虚拟电子工作台软件，其工作界面如图 F4.0.1 所示。

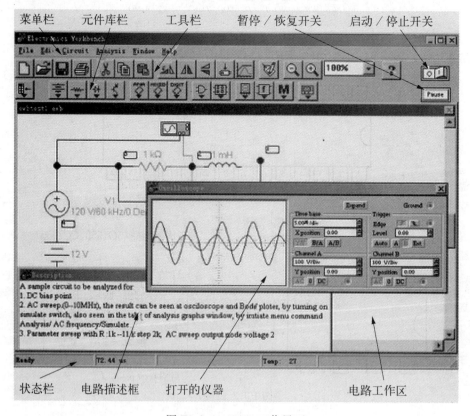

图 F4.0.1 EWB 工作界面

一、EWB 的特点

（1）采用直观的图形界面创建电路：在计算机屏幕上模仿真实实验室的工作台，绘制电路图需要的元器件、电路仿真需要的测试仪器均可直接从屏幕上选取。

（2）软件仪器的控制面板外形和操作方式都与实物相似，可以实时显示测量结果。

(3) EWB 软件带有丰富的电路元件库,提供多种电路分析方法。

(4) 作为设计工具,它可以同其他流行的电路分析、设计和制板软件交换数据。

(5) EWB 还是一个优秀的电子技术训练工具,利用它提供的虚拟仪器可以用比实验室中更灵活的方式进行电路实验、仿真电路的实际运行情况,熟悉常用电子仪器测量方法。与其他电路仿真软件(Protel99)相比,具有界面直观、操作方便等优点。它改变了一般电路仿真软件输入电路必须采用文本方式的不便,创建电路选用元器件和测试仪器等均可直接从屏幕上器件库和仪器库中直接选取。电子电路的分析、设计与仿真工作蕴含于轻点鼠标之间,不仅为电子电路设计者带来了无尽的乐趣,而且大大提高了电子设计工作的质量和效率。

二、软件的初步知识,基本操作方法

内容仅限于对含有线性 RLC 元件及通用运算放大器电路的直流、交流稳态和暂态分析。更深入的内容将在后续课程中介绍(图 F4.2.1)。

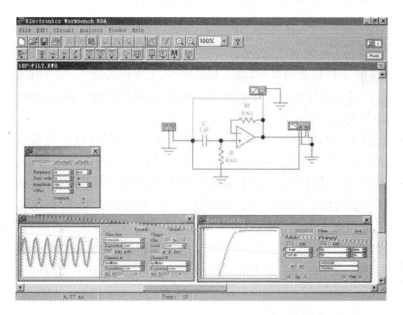

图 F4.2.1　EWB 元器件和仪器的放置

元器件和仪器的放置:

EWB 的电路图就在工作区中绘制,绘制时用户从工具栏的各个按钮中选取出要放置的元器件和仪器仪表,用鼠标拖放到工作区中。EWB 中图标所对应的元器件类如下列所示。

▣ 为电源类：有各种各样的交直流电源如电池、恒流源、地、压控电流源等。

▣ 为基本元件类：有电阻、电容、电感、电解电容、变压器、继电器、电位器等。

▣ 为二极管类：有二极管、稳压管、整流桥堆、发光二极管、可控硅等。

▣ 为晶体管类：有 PNP 三极管、NPN 三极管、场效应管等。

▣ 为模拟集成电路类：有运算放大器、比较器、锁相环等。

▣ 为模拟与数字混合集成电路类：有模数转换器、数模转换器、555 时基电路等。

▣ 为数字集成电路类：有各种 CMOS 和 TTL 数字电路。

▣ 为逻辑门电路类：有与门、与非门、或门、或非门等。

▣ 为触发器类：有 RS 触发器、D 触发器、JK 触发器等。

▣ 为指示器件类：如安培表、伏特表、七段数码管等。

▣ 为控制器件类：如微分器、积分器、除法器等。

▣ 为杂类：如晶振、保险丝等。

▣ 为各种仪器：如示波器、万用表、信号发生器等。

▣ ▣ ▣ 三个按钮分别对应旋转、左右翻转、上下翻转操作，操作时用户先选定元器件，此时，该元器件会变成红色表示已被选取，用户再按下相应的操作按钮。

元器件与仪器的连线：

当元器件和仪器放置好后，就可对元器件和仪器开始连线。先移动鼠标到要连接的元器件的端点，此时，鼠标会变成一个小黑圆点，按下鼠标并拖动它，当拖动到另一元器件端点时鼠标又变成小黑圆点形状，此时松开鼠标按键，则两个元器件间就建立了一根连线。当从一个元器件端点往一根连线上连线时，拖动鼠标靠近该线时线上会出现一个小黑圆点，此时，松掉鼠标则该元器件会连接到该连线上，并自动产生一个节点。同样，当往一个节点上连线时也是作同样的操作。只是线与节点上可以产生不止一个的小黑圆点，分别对应不同的方向，连线时应注意小黑圆点的朝向。

元器件参数的编辑与修改：

用鼠标双击要编辑的元器件就会弹出该元器件的参数对话框，用户可在该对话框中对它的各种参数进行修改。

仿真环境的设定：

用户在对电路进行仿真之前，要先对仿真分析环境进行设定。在菜单栏上依次选取 ANALYSIS、ANALYSIS-OPTION，则弹出 ANALYSIS-OPTION 对话框，用户可对其中的仿真环境参数进行设定,如环境温度、绝对电流误差等。

对绘制好的电路进行仿真:

在上述步骤完成后,按下启动按钮即可进行电路仿真。此时,用户可以对电路的工作进行各种分析,如傅里叶分析、噪声分析等等,用鼠标双击电路中的仪器可以打开仪器面板,通过改变面板上的参数来改变电路输入状态或查看电路仿真结果,如改变信号发生器的输出波形、幅度和频率等来改变电路的输入状态,用户也可以查看它的仿真结果,如查看万用表上的指示值,查看示波器上的波形等。

EWB 中的仪器是非常直观的,其仪器面板几乎和我们平时所用的仪器一样,用户会发觉这些仪器比实际使用中的那些仪器还要好用,比如示波器,它不仅无需进行同步调整,而且它还有波形记忆功能,用户可以随时查看仿真过程中任一时刻的输出波形(图 F4.2.2)。

EWB 的工具栏上的 ⟨⟩:

按钮是用来作分析用的,当电路中有使用到如示波器或扫频仪等仪器时,按下该按钮就会弹出如图 F4.2.2 所示的 ANALYSIS GRAPHS 窗口,用户可以清楚地看到电路中的波形状态。当仿真时间很长时,整个仿真过程的波形会都存在屏幕上,此时,波形可能看不清楚,但用户可以用鼠标从该屏幕上拉出一小块窗口,则选定区域就会放大到整个窗口。

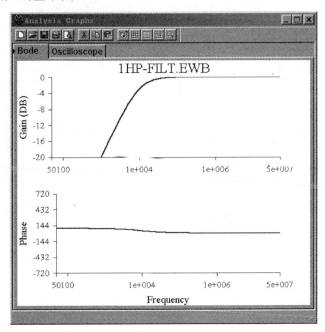

图 F4.2.2　EWB 中的仪器测试曲线

仿真时出错的处理：

当电路有问题时，EWB 仿真过程中会产生出错信息，并出现在 ANALYSIS GRAPHS 窗口上，用户可从出错信息中找到其出错原因和故障所在，修改电路或参数，改完后再进行仿真，直到正确为止。用户也可以在仿真的同时对电路参数进行修改，此时，电路的状态和输出波形也会动态地随之更改。

以上对 EWB 软件的操作作了简单的介绍和使用说明，用户可在具体的实践过程中更多地掌握它的功能，使它成为电子设计时一个得心应手的工具。